湖州师范学院"两山"理念研究院
INSTITUTE OF "TWO MOUNTAINS" THEORY

# 『两山』学刊

## "TWO MOUNTAINS" JOURNAL

2023年第4辑

第四辑

金佩华　王景新／主编

经济管理出版社
ECONOMY & MANAGEMENT PUBLISHING HOUSE

**图书在版编目（CIP）数据**

“两山”学刊. 第四辑 / 金佩华，王景新主编. 北京：经济管理出版社，2024. 6. --ISBN 978-7-5096-9742-9

Ⅰ. X321. 2-55

中国国家版本馆 CIP 数据核字第 2024W431F0 号

组稿编辑：杨 雪
责任编辑：杨 雪
助理编辑：王 慧
责任印制：黄章平
责任校对：王淑卿

出版发行：经济管理出版社
（北京市海淀区北蜂窝 8 号中雅大厦 A 座 11 层 100038）
网 址：www. E-mp. com. cn
电 话：（010） 51915602
印 刷：唐山玺诚印务有限公司
经 销：新华书店
开 本：880mm×1230mm /16
印 张：6. 5
字 数：142 千字
版 次：2024 年 7 月第 1 版 2024 年 7 月第 1 次印刷
书 号：ISBN 978-7-5096-9742-9
定 价：58. 00 元

# 编委会


## 主　编

金佩华　王景新

## 副主编

刘亚迪　蔡颖萍　刘玉莉　张建国　杨建初

沈琪霞　方晨亮　冯佑帅　陆帅志

# 编委按

2023年7月7日，第二届“绿水青山就是金山银山”理念湖州论坛暨国际研讨会在浙江省湖州市安吉县举行。论坛由湖州市人民政府、自然资源部宣传教育中心、浙江省人民政府外事办公室、湖州师范学院联合主办，安吉县人民政府、湖州市社会科学界联合会、湖州师范学院“两山”理念研究院联合承办，“两山”智库联盟、国家林草局共同富裕长三角林业国家创新联盟（筹）和安吉“两山”智库协办。

本届论坛主题为“‘八八战略’·‘千万工程’·‘两山’理念·中国式现代化”，来自国家有关部委、高校科研院所、产业协会、国际组织等180余名代表围绕生态文明建设、“两山”理念、绿色发展、“双碳”目标、生态治理现代化、生态产品价值实现等议题展开研讨。

本届论坛恰逢“八八战略”“千万工程”实施20周年，国内外专家学者走进湖州安吉，总结湖州经验、研究中国问题、回答时代之问，深入研讨了“八八战略”和“千万工程”蕴含的丰富思想、理论内涵、实践伟力和时代价值，系统构建了中国特色的“两山”知识体系、理论体系、学科体系和话语体系，全面探索了生态优先、绿色发展、共同富裕的体制机制与政策体系，具有重要的理论意义和实践价值。

《“两山”学刊》（第四辑）将本届论坛学术观点综述和12位专家学者的主旨报告收录汇编，其中专家学者的主旨报告根据会议录音整理成文，并经作者审定，部分内容已经公开发表。根据主旨报告的主题和内容，本刊分为乡村振兴与共同富裕、绿色低碳与生态文明、“两山”转化与实践创新、数字科技与可持续发展四个专栏，形成第二届“绿水青山就是金山银山”理念湖州论坛暨国际研讨会重要研究成果。在此对所有与会专家学者、提交会议论文的作者表示感谢！

《“两山”学刊》编辑部

2024年3月

# “两山”学刊

## （第四辑）

## 目　录

深入践行“绿水青山就是金山银山”理念，建设人与自然和谐共生的现代化
——第二届“绿水青山就是金山银山”理念湖州论坛暨国际研讨会学术观点综述　王景新　刘玉莉 … 1

**乡村振兴与共同富裕**

“千万工程”20周年的伟大成就与经验启示　顾益康 …… 9
“八八战略”：跨越时空的思想传承和行动指南　郭占恒 …… 15

**绿色低碳与生态文明**

牢固树立践行“两山”理念　加快推进农业绿色低碳发展　尹成杰 …… 20
和谐共生、和合共治、和美共富　林　震 …… 25
我国生态文明建设的伟大变革及基本经验　郇庆治 …… 31
生态文明示范创建典型模式分析　刘青松 …… 47
绿色创新与生态文明建设　卢　风 …… 56

**“两山”转化与实践创新**

努力构建中国式现代化的自主知识体系　张占斌 …… 66

生态现代化·“两山”理念·“八八战略” 贾卫列 …… 77
“两山”理念下的自然资源资产管理 贾文龙 范振林 苏子龙 郭 妍 …… 82

## 数字科技与可持续发展

绿色发展中碳交易困境与对策 郑洪涛 …… 87
“两山”理念走向世界 周卫东 …… 95

# 深入践行“绿水青山就是金山银山”理念，建设人与自然和谐共生的现代化*

## ——第二届“绿水青山就是金山银山”理念湖州论坛暨国际研讨会学术观点综述

□ 王景新[1,2]　刘玉莉[1]
(1. 湖州师范学院，“两山”理念研究院，湖州，313000；
2. 浙江师范大学，金华，321004)

党的二十大报告指出：“中国式现代化是人与自然和谐共生的现代化。”“尊重自然、顺应自然、保护自然，是全面建设社会主义现代化国家的内在要求。必须牢固树立和践行绿水青山就是金山银山理念，站在人与自然和谐共生的高度谋划发展。”

湖州作为“绿水青山就是金山银山”理念（以下简称“两山”理念）诞生地与重要践行者，为深入研究“两山”理念与中国式现代化等相关理论，推动绿色低碳可持续发展，缩小城乡差距实现共同富裕。2023年7月7~8日，即“两山”理念提出18周年、“八八战略”“千万工程”实施20周年及筹备第一个“全国生态日”庆祝活动之际，经浙江省人民政府批复同意，由湖州市人民政府、自然资源部宣传教育中心、浙江省人民政府外事办公室、湖州师范学院联合主办，安吉县人民政府、湖州市社会科学界联合会、湖州师范学院“两山”理念研究院联合承办，“两山”智库联盟、国家林草局共同富裕长三角林业国家创新联盟（筹）、安吉“两山”智库协

---

＊ 作者简介：王景新，湖州师范学院“两山”理念研究院名誉院长，浙江师范大学二级教授，发展中国论坛副主席。通讯作者：刘玉莉，湖州师范学院“两山”理念研究院讲师、博士。

基金项目：本文得到国家社会科学基金重点项目（21AZD086）、湖州师范学院人文社科预研项目（2020SKYY19）资助。

本文为第二届“绿水青山就是金山银山”理念湖州论坛暨国际研讨会学术观点综述，已发表在《湖州师范学院学报》2023年第11期，有改动。

办的第二届“绿水青山就是金山银山”理念湖州论坛暨国际研讨会在浙江省湖州市安吉县隆重召开。来自自然资源部、生态环境部、农业农村部、国家林业和草原局、中共中央党校、中国社会科学院、北京大学、清华大学、浙江大学、复旦大学、山东大学、北京林业大学、中国自然资源经济研究院、中华环保联合会、中国轻工业联合会、中国林业产业联合会、国际生态保护促进会、世界可持续发展工商理事会、匈牙利约翰·冯·诺伊曼大学欧亚中心、“两山”智库联盟等政府部门、高校科研院所及组织的180多名专家学者参加会议。

论坛围绕“‘八八战略’·‘千万工程’·‘两山’理念·中国式现代化”主题，以致辞、主旨报告、大会报告、分论坛演讲、入选优秀论文等形式发表最新研究成果共52人（篇）次，其中，致辞6人次、主旨演讲和大会报告15人次，分论坛演讲和点评24人次，入选优秀和发言论文7篇，发布3个系列、6套、10本学术新著。论坛主要成果和学术贡献主要体现在以下五个方面：

## 一、循迹溯源与总结经验，提炼蕴含理论的新贡献

环境、资源、生态是发展中国家迈向现代化的短板与瓶颈。农业、农村、农民是中国经济社会发展的基本盘和压舱石。20年前擘画的“千村示范、万村整治”工程（简称“千万工程”）蓝图，从整治农村人居环境入手，改善农村生产、生活、生态环境，提高农民生活质量。循迹溯源，从2003年6月“千万工程”以省域单元率先破题，到2003年8月“八八战略”明确打造“绿色浙江”，“千万工程”成为生态省建设的有效载体，再到2005年8月首提“绿水青山就是金山银山”，事关浙江乃至中国未来发展的新理念由此萌发，成为习近平新时代中国特色社会主义思想的理论源头之一。与会专家对“千万工程”“八八战略”“两山”理念的实践历程及其蕴含的理论进行了研究。

时任中国气候变化事务特使、全国政协人口资源环境委员会原副主任、国家发改委原副主任、原国家环境保护总局局长解振华在为本届论坛所作的贺信中指出，“绿水青山就是金山银山”与“八八战略”“千万工程”一脉相承，既是实现可持续发展的必然要求，也是推进现代化建设的重要指南。我们要坚决贯彻落实习近平总书记的要求和部署，处理好绿水青山与金山银山的关系，以生态文明建设、碳达峰、碳中和为抓手，促进经济社会高质量可持续发展。

经过20年的发展，“千万工程”成为当代中国共产党人直面中国之问、世界之问、人民之问的执政应答；“八八战略”是习近平新时代中国特色社会主义思想在浙江萌发与实践的集中体现。作为“千万工程”“八八战略”从调研、决策到实施全过程的亲历者——原浙江省农业和农村工作办公室副主任顾益康、中共浙江省委政研室原副主任郭占恒全面深刻地阐释了“千万工程”“八八战略”。顾益康强调，“千万工程”开启了建设美丽乡村、美丽中国的新时代，催生了“绿水青山就是金山银山”的发展新理念，引发了民族复兴、乡村振兴的新战略，构建了城乡融合、科学聚变的新机制，

创出了一条农村农民共同富裕的新路径。他建议：把促进美丽乡村向未来乡村、富丽乡村迭代升级作为深化"千万工程"的新方向。郭占恒认为，"八八战略"是一个包容开放的思想理念与实践的双体系。他指出，"八八战略"来自大量的调查研究，来自对当时世情、国情、省情的正确认识和把握，以及卓有成效的理论探索和实践创新；为浙江全面治理和科学发展提供了一个全新的理论架构；与"四个全面""五位一体""生态优先、绿色发展、共同富裕"等新的发展理念和战略高度契合，是跨越时空的思想传承和行动指南。

浙江省之江区域经济研究院潘捷军研究员提出，浙江以"千万工程"为标志的"绿水青山"建设推进工作，开辟了中国农村现代化的发展新路。浙江丽水山耕农业发展研究院丁志远院长表示，"八八战略"为浙江发展构建了因地制宜的方法论，为山区城市丽水的发展提供了路径指引。

湖州师范学院"两山"理念研究院院长黄祖辉教授在主持人小结时指出，"八八战略"、"千万工程"、"两山"理念、生态文明思想是相互贯通的，这些理念和战略从浙江出发，为当今中国的治国理念和发展战略的创新探索提供了重要的参考和借鉴。原浙江省农业厅党组副书记、副厅长赵兴泉表示，"八八战略"是浙江20年快速发展的"金钥匙"。正是在"八八战略"指引下，"千万工程"、"两山"理念、高效生态农业、山海协作工程、"后陈经验"①、"五个务必"② 抓"三农"③，以及习近平在浙江的"三农"工作理论创新和浙江的实践创新等，历久弥新、历久弥坚，成为浙江省"三农"工作总遵循。

## 二、深化基础理论研究，拓展内涵特征的新阐释

"两山"理念是习近平生态文明思想的重要组成部分，是做好生态文明建设工作的根本遵循和行动指南。中国式现代化是人与自然和谐共生的现代化，推进中国式现代化，必须坚定、系统地贯彻习近平生态文明思想，践行"两山"理念。与会专家深入开展了"两山"理念、生态文明思想以及中国式现代化的基础理论研究，厘清其内在逻辑关系，拓展了中国式现代化的内涵及特征。

中共江西省委原书记、第十届全国人大农业与农村委员会副主任舒惠国在致辞中强调，党的十八大以来，以习近平同志为核心的党中央把生态文明建设作为统筹推进"五位一体"总体布局和协调推进"四个全面"战略布局的

---

① 后陈经验是指中国改革开放后，陈云在贵州省任职时所提出的一系列经济发展和社会管理方面的经验和思想。主要内容包括：把握"两个大局"，即国家和地方两个层面的大局，把国家利益和地方利益统一起来，协调好中央与地方之间的关系；坚持实事求是，注重实践经验和科学规律，推崇理论联系实际，避免空泛和形式主义；推行群众路线，加强基层建设，发挥广大人民群众的积极性和创造性，使人民群众真正成为改革开放和现代化建设的主体力量；实行产业化战略，加快经济结构调整，逐步实现从传统农业向现代工业、服务业转型；加强社会管理，推进法治建设，维护社会稳定和安全，促进社会和谐发展。

② 务必以坚定的信心加速发展，务必以超常的思路抢抓机遇，务必以务实的举措推进建设，务必以非凡的智慧共建幸福，务必以过硬的作风狠抓落实。

③ 农业、农村、农民。

重要内容，开展了一系列根本性、开创性、长远性工作，加快推进生态文明顶层设计和制度体系建设，推动我国生态环境发生历史性、转折性、全局性变化，指引这一变化的根本就是习近平“两山”理念和生态文明思想。

原农业部常务副部长尹成杰指出，“两山”理念是习近平生态文明思想的重要基础。他强调，要通过更深入的研究，厘清和正确处理人与自然、发展和保护、生态和财富、环境和民生、当前与长远等几项重要关系。自然资源部宣传教育中心夏俊主任在致辞中表示，“湖州是习近平总书记‘绿水青山就是金山银山’理念诞生地、中国美丽乡村发源地、绿色发展先行地。多年来，‘两山’理念从实践到认识再到新的实践，展现出强大的引领力和持久的生命力”。

中央党校（国家行政学院）中国式现代化研究中心主任张占斌教授呼吁，“努力构建中国式现代化的自主知识体系”，强调“加快构建中国特色哲学社会科学体系，重点是构建中国式现代化的自主知识体系”，分析了中国式现代化理论九大鲜明特性：坚持中国共产党领导和走社会主义道路的政治性、打破“现代化=西方化”迷思的独创性、逐步实现全体人民共同富裕的人民性、独立自主自立自强的自主性、直面中国现代化发展实践的开放性、基于自身国情特色的民族性、不断丰富发展的实践性、统筹兼顾整体推进的系统性、全面建成社会主义现代化强国的科学性。最后探讨了构建中国式现代化的自主知识体系需要回答的重要问题。

中国社会科学院当代中国研究所郑有贵研究员呼吁加强“两山”理念与新型工农城乡关系的构建，其认为：人与自然和谐共生的中国式现代化体现在工农城乡生态环境关系上，应该将工农城乡关系转向相互赋能共同体，打造各具特色的“富春山居图”。北京大学习近平生态文明思想研究中心主任郇庆治提出要充分认识改革开放以来我国生态文明建设的历史性成就，并总结了改革开放以来我国生态文明建设的三大进展（包括党的理论水平与实践能力大幅提高、生态文明制度政策体系的初步建立与改革创新、生态环境保护治理现代化取得显著成效），并进一步总结改革开放以来我国生态文明建设的基本经验。北京林业大学生态文明研究院院长林震总结分析了中国先贤智慧和党的十八大以来的中国实践，提出习近平生态文明思想的三大基石：坚持和谐共生的基本原则、坚持和合共治的基本路径、坚持和美共富的基本目标。北京生态文明工程研究院副院长贾卫列总结了浙江省实施“八八战略”、践行“两山”理念、推进“区域生态现代化”的经验，将生态现代化的内涵归结为“气候宜人化、环境持续化、经济绿色化、政治法治化、文化生态化、科技创新化、社会和谐化”七大特征，并将此特征纳入中国式现代化体系，拓展了自德国学者胡伯20世纪80年代提出“生态现代化”概念以来关于其内涵的认识。福建农林大学马克思主义学院副院长罗贤宇认为：习近平总书记关于“森林是水库、钱库、粮库、碳库”的“四库”论，是对马克思、恩格斯森林观的继承和发展，是习近平生态文明思想在林业领域的重大理论贡献。

湖州师范学院“两山”理念研究院名誉院长、发展中国论坛副主席王景新在论坛总结中表示：“两山”理念是习近平同志主政浙江期间，在指导全省实施“八八战略”“千万工程”和“生态省”建设实践中提出来的；《之江新语》232篇评论文章，是习近平同志谋划和实施“八八战略”“千万工程”和“生态省”建设的理论总结，也为习近平“两山”理念和新时代中国特色社会主义理论奠定了基础；“两山”理念是“中国式现代化”建设的重大指导原则，中国式现代化与马克思主义自然观发展观一脉相承，概括了自然界的解放和高度发展、人的解放和自由全面发展、人与自然的中介——劳动生产实践高质量发展。王景新认为，中国式现代化是生态、物质、精神都富裕的现代化，生态文明将引领人类文明的新形态。

## 三、聚焦经典案例与模式，总结思想探索的新发现

以习近平生态文明思想为引领，深入践行“两山”理念，坚持生态优先、绿色发展，是实现高质量发展、共同富裕的必然要求。论坛围绕全国各地经典案例和模式总结经验，在推进高质量发展的思想探索方面有了新发现。

中国生态文明研究与促进会副会长兼秘书长刘青松回顾了全国生态文明建设示范区、“两山”实践创新基地建设的历程，根据各地典型案例，凝练出五种可复制推广的模式：以体制机制创新为核心的制度引领型模式、以绿色发展为核心的绿色驱动型模式、以守护绿水青山为核心的生态友好型模式、以提升生态资产为核心的生态惠益型模式、以特色文化为基础的文化延伸型模式，并建议未来我国生态文明示范建设，应该从生态制度、生态经济、生态空间、生态安全、生态生活、生态文化等方面统筹推进。中国自然资源经济研究院副院长贾文龙分享了“两山”理念下的自然资源资产管理方案，即实现生态产品价值的政府、市场、政府+市场三种路径及其典型案例。

清华大学生态文明研究中心原主任卢风认为，在新发展理念中，绿色与创新是并列的。绿色创新是绿色发展的关键，观念转变是实现绿色发展的根本。绿色发展就是人类与自然和谐共生的发展，是真正的可持续发展。北京大学马克思主义学院曹得宝博士强调，社会主义生态文明建设与共同富裕在目标主题、政治逻辑、具体路径和群众主体四个方面实现了耦合协同。浙江省在实现经济社会绿色转型、推进山海协作工程、创新生态产品价值实现路径、优化生态领域分配格局等方面，探索出一条新的实践之路。东华理工大学原副校长花明教授强调，国家森林步道作为生态产品具有巨大的价值潜力，他呼吁建设国家森林步道，促进生态产品实现价值。广东环境科学院生态文明与绿色发展研究所所长张修玉以全国各地典型案例为蓝本，在“生态环境”“经济社会”两大系统中嵌入“功能媒介”的作用，凝练出“两山”多维转化的路径。

分论坛上，政府部门、高校科研院所以及相关企业分享了各自在深入践行“两山”理念、推动高质量发展、实现共同富裕方面的做法和经验。国家林业和草原局产业发展规划院副院长齐联探讨了“林业综合体助推乡村共富的理论共建和实践探索”。山东临沂市生态环境局蒙阴县分局局长赵英利介绍了“黄河流域山区县

的'两山'理念实践"。湖北恩施学院马凤余校长分享了"聚焦做好'土、茶、绿'三字文章，服务恩施文化振兴、产业振兴、生态振兴"。南京林业大学工程规划设计院姚松副院长介绍了"竹产业高效利用产业园——以共同富裕为目标的'双碳'背景下的循环经济模式"。浙江丽水林业局总工程师何小勇探讨了"共同富裕背景下林业产业发展的思考与实践"。江苏省农业科学院农产品加工研究所李志强介绍了"发展黄花菜产业，助力乡村共同富裕"的典型案例。湖州师范学院经济管理学院朱强博士分析了"长三角地区乡村共同富裕的理论机制与实践探索"。杭州龙门秘境景区有限公司董事长娄敏的"'龙门秘境'村落景区运营的实践与启示"、浙江交投慕仁公司总经理唐晓丹的"'露营+促进共富的慕仁实践'"结合自身实际，分享了企业经营如何支持乡村振兴、促进城乡共同富裕的做法和经验。

《管理世界》杂志社副总编辑柏晶伟在点评中指出，各位专家从基础理论和实践案例出发，从产业发展实证研究角度，阐释了共同富裕的路径，有很强的针对性、可操作性。王景新教授在大会总结中提出，"两山"多维转化至少有三个维度：一是生态修复、环境保护使生态环境逐年向好，山水林田湖草沙综合治理需要大量人力、物力和资金投入，将金山银山转化为绿水青山；二是生态资源、优美环境合理利用，包括生态产品价值实现，将绿水青山转化为金山银山；三是生态环境保护并不急于开发利用，但存方寸地，留与子孙耕。"两山"多维转化的基本原则应该是"生态优先、绿色发展、共同富裕"，即生态、物质、精神都富裕。

## 四、加快"两山"理念国际传播，提升国际共识的新高度

"两山"理念是关于生态文明建设的核心理念，指明了实现高质量发展和高水平保护协同共生的新路径，是当代中国马克思主义、21世纪马克思主义的自然观和发展观，是人与自然和谐共生与绿富同兴之道，向世界绿色低碳可持续发展贡献了中国方案和东方智慧。与会专家聚焦"两山"理念国际传播、绿色"一带一路"建设和碳达峰、碳中和开展了相关研究。

推动绿色发展，推进绿色低碳行动。绿色低碳行动是推动绿色低碳可持续发展，实现双碳目标的重要抓手。日本工程院外籍院士、日本立命馆大学周玮生教授在线上报告中提出，人类的终极目标是实现可持续，双碳目标是实现可持续发展的手段。他分析了湖州安吉竹林资源、竹林功能、竹林六次产业，倡议"化竹为粮，以竹代粮"，建议"创立湖州竹林产业园中日合作团地"。世界可持续发展工商理事会中国代表处主任周卫东在"'两山'理念走向世界"的报告中指出："两山"理念是实现COP28（第28届联合国气候变化大会）相关主张的一条主要道路；"两山"理念让世界读懂美丽中国，建议搭建价值观输出平台，提升影响力和掌握话语权，向全球展示中国自然和文化魅力。美国凯恩大学终身教授张元林探讨了全球珊瑚礁对碳中和的影响，指出全球珊瑚礁总面积约60万平方千米，是大气中的二氧化碳的主要贡献者，在全球碳循环中发挥着重要作用，双碳背景下开展珊瑚礁的相关研究意义重大。匈牙

利约翰·冯·诺伊曼大学欧亚中心主任霍尔瓦特·列文特介绍了匈牙利可持续性发展成果、绿色债券支持匈牙利气候变化和环境承诺实践，回顾了匈牙利与中国的友好交往历程，论证了“两山”国际化、可持续性发展和绿色“一带一路”建设的重要性。

北京国家会计学院郑洪涛教授阐述了“绿色发展中碳交易困境、成因与对策”，分析了欧盟、美国、日本等组织或国家的绿色发展战略，建议强化“污染者付费”原则，完善价格发现与干预机制，健全碳排放权交易监管体制，加快碳金融交易产品创新，妥善处理碳排放权交易与其他制度之间的衔接问题等。浙江大学土地与国家发展研究院杨润佳博士分析了“全球陆域关键生物多样性区域的人类干扰测度及保护策略构建”，结合2020年后生物多样性框架的保护要求，建议加强土地利用管控与明确内部管制分区，实施人类活动“压力—布局”双调控策略，建立优先级识别与自然保护区规划的协同机制，促进全球协同保护机制发展。

## 五、汇智“两山”理念研究，奠定哲学基础的新探索

值得一提的是，论坛入选的优秀论文聚焦“两山”理念、生态文明、可持续发展等方面开展研究，在奠定哲学基础方面有了新探索。

南京农业大学公共管理学院刘腾博士指出：乡村的生态现代化是中国式现代化的重要内容，揭示了中国式现代化的本质属性。建构我国生态乡村的话语体系具有重要的科学意义和理论价值。生态乡村概念的提出是在全球自然生态困境的凸显、学者对地球生态危机的思考以及欧美环境保护运动的出现三种力量共同推动下实现的。当前，我国生态乡村的评价指标尚不完善，如何建立更具科学性和可操作性的评价指标将成为未来生态乡村理论新的知识增长点。

杭州师范大学马克思主义学院余怀龙讲师认为：人与自然的和谐共生是在一个伦理实体中达到的，而伦理实体是在理念的规定性中通过意志的自我认识而建立的。因此，只有在伦理实体中，自然存在者才能真正享有人对它的责任与义务。人与自然和谐共生的生态伦理意蕴，是一种关注人类与自然相互作用的道德观念和行为准则，旨在促进人与自然的和谐共生。

杭州师范大学公共管理学院陈杨博士认为：可持续发展理念并非起源于当代西方的环境保护思想，而是自19世纪末西方“持续收获”林业思想传入中国后，在近代中国独特的社会历史土壤中孕育发展，最终在中国共产党的领导下，在社会主义建设实践中，形成了具有中国特色的永续发展思想；与当代西方流行的可持续发展理念不同，中国的永续发展思想，始终强调自然资源利用和保护是与中华民族伟大复兴紧密结合的。

湖州职业技术学院马克思主义学院王结发副教授认为：生产条件分配的不均衡，是贫富分化的根本原因。绿色发展之所以能促进共同富裕，是因为绿色发展能够推动生产条件的再分配，矫正生产关系和生产力两个层面生产条件分配的不均衡。

除了上述五大主要成果和学术贡献外，本论坛还现场发布了重要的学术成果。湖州师范学院党委书记金佩华研究员，代表“两山”理

念研究院发布了3个系列学术新著：一是《“绿水青山就是金山银山”理念安吉发展报告》系列，关注“两山”多维转化、生态产品价值实现、中国式乡村现代化县域实践等主题；二是宣教系列，包括《“绿水青山就是金山银山”理念与实践教程》《生态文明教育》《碳达峰、碳中和知识解读》《碳达峰、碳中和：中国行动》，聚焦“两山”理念、生态文明、双碳目标的理论教育和中国行动；三是作为“两山”理念研习、乡村振兴研究基础理论著作系列，包括《“两山”学刊》《中国近现代乡村建设研究编年史（1912-1949年）》。金佩华研究员表示，发布的研究成果体现了“两山”理念研究的“新时代观”“新系统观”“新生态观”和“新话语观”，希望能够对构建人与自然和谐发展的全人类绿色家园建设提供参考。

乡村振兴与共同富裕

# "千万工程"20周年的伟大成就与经验启示*

□ 顾益康

(湖州师范学院,"两山"理念研究院,湖州,313000)

"千村示范、万村整治"工程(简称"千万工程")是时任浙江省委书记习近平同志顺应广大农民对美好生活的向往,为改善农村环境状况,而亲自谋划和推动实施的一项创新工程。"千万工程"是按照"八八战略"提出的统筹城乡发展和推进生态省与绿色浙江建设的精神要求,持续推进的一项民生实事工程,也是佐证"八八战略"具有生命力和创造力的一项伟大工程。习近平同志离开浙江后继续关心支持这项工程,历届浙江省委、省政府领导班子坚持一张蓝图绘到底、一任接着一任干,不断深化"千万工程"。党的十八大以来,习近平总书记站在引领中国"三农"发展造福全国农民群众的宏观高度,对浙江"千万工程"作出多次批示,在全国推广浙江"千万工程"经验做法,开展农村人居环境整治行动,使浙江这项民生工程转化为推动全国社会主义新农村建设的一项重大工程,为改变整个中国农村面貌,促进中国生态环境建设作出了巨大贡献。这项民生工程和生态工程也得到了联合国的褒奖,在2018年获得联合国最高环保荣誉——"地球卫士奖",从而使浙江这项工程历久弥新,具有全国和世界意义,成为一项改写当代中国"三农"历史的伟大工程。

* 作者简介:顾益康,湖州师范学院"两山"理念研究院高级顾问,浙江省政府咨询委委员,原浙江省农村工作办公室副主任(正厅级)。

本文为作者在第二届"绿水青山就是金山银山"理念湖州论坛暨国际研讨会上的主旨发言。

2023年是“千万工程”实施20周年，中央办公厅派出专门调研组到浙江来总结“千万工程”20年的成效与经验。习近平总书记在《中共中央办公厅关于总结推广浙江“千万工程”经验 推动学习贯彻习近平新时代中国特色社会主义思想走深走实的调研报告》上作出重要批示。

2023年12月，在中央农村工作会议上，习近平总书记在对“三农”工作作出的重要指示中，特别强调学习运用“千万工程”经验。

“千万工程”是习近平同志在浙江工作时亲自谋划、亲自部署、亲自推动的一项重大决策，是“八八战略”具有巨大创造力和生命力的最好佐证，是习近平新时代中国特色社会主义思想在“三农”领域生动实践范例的政治新高度。我们应该全面贯彻习近平总书记最新批示精神，坚持新发展理念，加快城乡融合发展步伐，继续积极推动美丽中国建设，全面推进乡村振兴，为实现中国式现代化奠定坚实基础的战略新目标。全面深刻总结这项工程的伟大意义和重要经验，继续深化这一工程，这是当前浙江乃至全国一项十分重要的任务。

## 一、习近平同志亲自擘画了“千万工程”大蓝图

2002年，习近平同志就任浙江省委书记后，用半年多时间深入浙江城乡进行调查研究，将了解浙江省情民意作为开创浙江工作新局面的首要工作。2003年，习近平同志作出了实施“八八战略”和“千万工程”等重大决策。可以说“千万工程”是习近平总书记的调查研究之花结出的一个特别丰硕的果实。时任浙江省委书记习近平同志亲力亲为制定了“千万工程”的目标要求、实施原则、投入办法和每年选一个县召开一次现场会议的做法，主持了2003年“千万工程”启动会和连续三年“千万工程”现场会。后几届浙江省委、省政府坚持“一张蓝图绘到底，一届接着一届干”，带领全省广大农民群众和各级干部真抓实干，二十年间“千万工程”造就了万千美丽乡村，使浙江成为全国美丽乡村建设的样板。

党的十八大以后，习近平同志依然关心着“千万工程”，先后作了多次重要批示。2018年4月，习近平总书记作出重要指示，要求进一步推广浙江好的经验做法，因地制宜、精准施策，不搞“政绩工程”“形象工程”，一件事情接着一件事情办，一年接着一年干，建设好生态宜居的美丽乡村，让广大农民在乡村振兴中有更多获得感、幸福感。中共中央办公厅、国务院办公厅专门发文明确提出要推广浙江“千万工程”的经验做法，在全国开展了以改善农民生活生产生态环境为重点的农村人居环境整治行动，从而大大加快了农村全面小康建设和乡村振兴的进程。

2004年，习近平同志在湖州召开的全省“千万工程”现场会上就提出了“千万工程”是生态省建设的有效载体，既保护了绿水青山，又带来了金山银山，使越来越多村庄成为绿色富民家园。2005年8月15日，时任浙江省委书记习近平同志在浙江省湖州市安吉县余村考察时，充分肯定了该村开展村庄环境整治，关停矿山的做法，并有感而发提出了“绿水青山就是金山银山”的绿色发展新理念。受这一理念

的启示，我们把生态建设与“千万工程”更紧密结合起来，把美丽乡村建设作为“千万工程”的新目标，开启了美丽乡村和美丽中国建设新征程。在党的十九大上，习近平同志又根据浙江“千万工程”和美丽乡村建设成功经验和新时代缩小城乡发展差距的新要求，创造性地作出了实施乡村振兴战略的新决策，为新时代“三农”发展和农业农村现代化建设指引了前进方向。

在习近平同志的亲自谋划、亲自决策、亲自实施推动下，“千万工程”不仅让浙江农村成为大家公认的中国美丽乡村，而且带动了全国开展乡村建设行动，启动了乡村振兴战略，成为真正惠及亿万农民的民生工程、统筹城乡的龙头工程、促进绿色发展的生态工程，成为推进中国式农业农村现代化最有效的抓手。实践表明“千万工程”得到了亿万农民衷心拥护，成为有口皆碑的惠民富民工程和促进人与自然和谐的生态建设工程。可以说，习近平同志亲自擘画“千万工程”大蓝图，为“千万工程”成为一项具有全国意义和世界影响力的伟大工程奠定了科学基础。历届浙江省委、省政府坚持“一张蓝图绘到底，一任接着一任干”，带领全省干部和农民群众真抓实干，促进“千万工程”不断深化和迭代升级。

## 二、深化认识“千万工程”伟大意义

浙江“千村示范、万村整治”工程是一个改写当代中国“三农”历史的伟大工程，是造福亿万农民的民生工程，是获得联合国褒奖的环境工程，是促进城乡一体化发展的龙头工程，是创造浙江“三农”奇迹的创世工程。可以说“千万工程”是最能彰显浙江“三农”影响力，最具浙江经验辨识度，最能显示中国特色社会主义制度优越性“窗口”效应的伟大工程，其伟大作用可以用“五个一”来概括：

一是“千万工程”开启了一个建设美丽乡村美丽中国的新时代。

“千村示范、万村整治”工程以消除垃圾村的农村人居环境整治和全面实现小康社会的新农村建设为直接目标，成为广大农民群众衷心拥护的民心工程。浙江省委、省政府及时总结推广安吉等县注重发挥生态环境优美优势，把建设美丽乡村作为深入推进“千万工程”新目标的创新经验。把人居环境整治与生态环境建设紧密结合起来，以美丽乡村建设行动计划来全面提升“千万工程”，浙江美丽乡村建设为党的十八大提出的美丽中国建设的宏伟蓝图提供了实践启迪，为全国农村人居环境整治和美丽乡村建设提供了先行先试样板，由此开启了美丽乡村、美丽中国建设新纪元。

二是“千万工程”催生了一个绿水青山就是金山银山的绿色发展新理念。

2005年8月15日，时任浙江省委书记习近平同志到安吉余村调研时，对余村关停严重污染环境、危害农民身心健康的小石矿、小水泥厂，发展绿色经济的做法给予高度赞扬，并由感而发提出了“绿水青山就是金山银山”新理念，而后在《浙江日报》“之江新语”专栏的《绿水青山也是金山银山》文章中系统阐述了“绿水青山就是金山银山”的绿色发展新理念，由此成为指导“千万工程”向美丽乡村建设深化，进而推动生态省和绿色浙江建设的绿色发展新理念。"绿水青山就是金山银山"这一富有哲理又通俗易懂的理念逐渐成为指导中国生态文明建设和绿色发展的核心理念。

三是"千万工程"引发了一个民族复兴乡村振兴的新战略。

浙江省提供的"从德清美丽乡村建设实践看乡村复兴之路"调研报告成为党的十九大报告起草组重要参考资料，文中总结的浙江"千万工程"和美丽乡村建设的成功经验为党的十九大作出"实施乡村振兴战略"的重大决策提供了极为重要的实践启迪。从一定意义上说，从"千村示范、万村整治"工程到美丽乡村建设，再到乡村振兴战略实施，也是一张蓝图绘到底的与时俱进的接续工程。可以说浙江的"千万工程"确实开创了新时代中国乡村振兴之先河。这与时任浙江省委书记习近平同志亲自谋划实施这一工程，并持续关心支持这一工程，在党的十八大之后站在全国"三农"发展宏观战略高度继续推动这项工程不断深化和升华密不可分。

四是"千万工程"构建了一个城乡融合科学聚变的新机制。

浙江实施"千万工程"之时，时任浙江省委书记习近平同志就提出要统筹城乡兴"三农"的新思路来推动工程建设，强调在工程建设中必须贯彻以工促农，以城带乡的思想，做到城市基础设施向农村延伸，城市公共服务向农村覆盖，城市现代文明向农村辐射，促进城乡一体化发展。浙江在深入推进工程实施中按照习近平同志要求，牢牢把握这一原则和方向，使"千村示范、万村整治"工程成为统筹城乡发展，缩小城乡差别，推动城乡一体化发展的龙头工程。浙江美丽乡村建设显著的成效引领以上海大都市为中心的长三角地区率先进入新型城市化和逆城市化双向互动的城乡融合发展新时代。

五是"千万工程"创出了一条农村农民共同富裕的新路径。

"千万工程"和美丽乡村持续推进，使越来越多的农民意识到美丽乡村建设是通向共同富裕美好生活的康庄大道，"千万工程"为广大农民找到了绿水青山转化为金山银山的增收之道。同时，越来越多的美丽乡村把建设与经营结合起来，经营美丽乡村，发展美丽经济，共享幸福生活成为新时代越来越多美丽乡村的新风景。共同建设美丽新家园，共同培育富民新产业。"千万工程"和美丽乡村建设增强了村民利益共同体的意识，大家越来越清醒地认识到美丽乡村是大家幸福生活的诺亚方舟。建设美丽家园，发展美丽经济，携手走向共同富裕，依靠共同奋斗建设美丽富饶的共富乡村是我们深化新时代"千万工程"的新方向。

## 三、全面总结"千万工程"20年经验启示

"千万工程"是习近平总书记当年在浙江工作时亲自谋划实施的一项重大工程，是习近平"三农"情怀的深情表达，是习近平"三农"实践的重大创新，对20年"千万工程"成功推进的实践经验的总结，最重要的是要领悟和掌握习近平总书记抓"三农"工作的经验真谛，并用以指导我们新时代"三农"工作。

一是坚持“执政为民重‘三农’”，把改善农村人居环境的美丽乡村建设作为缩小城乡差距的主抓手。

“千万工程”改变了以往政府只管城市建设、城市公共服务，不管农村建设和公共服务的状况，把建设生态宜居的美丽乡村，城乡一体化基础设施、公共服务作为“三农”工作重点，放到党和政府全部工作重中之重的位置。这使浙江“千万工程”成为中国社会主义新农村建设的最成功范例。

二是坚持“以人为本谋‘三农’”，把农民群众对美好生活追求作为“三农”工作的奋斗目标。

“千万工程”改变了“三农”工作主要是抓生产发展的旧习惯，把建设生态宜居的美丽乡村，让广大农民过上富裕幸福生活作为“三农”工作的出发点和落脚点，使“千万工程”成为造福亿万农民的民生工程。“千万工程”的实施贯穿了增进农民根本利益，尊重农民权利的“以人为本谋‘三农’”的理念，极大地调动了广大群众参与“千万工程”的主动性、积极性，确保了“千万工程”深入持久推进。

三是坚持“统筹城乡兴‘三农’”，构建了“以工促农、以城带乡”新型城乡关系。

“千万工程”建设中注重以城乡统筹规划来引领城乡一体化建设，强调把“千万工程”作为推进城乡一体化发展的龙头工程来抓，极大地提升了“千万工程”建设水平，也促进了城乡经济社会融合发展。

四是坚持一张蓝图绘到底，与时俱进深化“千万工程”内涵目标。

浙江省委、省政府牢记习近平总书记的嘱托，按照“干在实处、走在前列、勇立潮头”的要求，把深化“千万工程”作为全省“三农”工作主抓手，与时俱进地深化和拓展“千万工程”的内涵目标，实现从整治垃圾村到建设生态宜居美丽乡村，再到向未来乡村和共富乡村的迭代升级。持续20年的“千万工程”使浙江成为中国美丽乡村示范省和乡村振兴先行省。

五是坚持一把手亲自抓，构建五级书记抓工程建设的强大工作保障体系。

2003年，时任浙江省委书记习近平同志亲自谋划和实施“千村示范、万村整治”工程，并形成了五级书记一起抓“三农”工作，齐心协力推动“千万工程”实施的工作机制，形成了促进“千万工程”持续高质量推进的强大政治组织保障，这也从体制机制上保证了浙江“三农”改革发展走在全国前列。

## 四、创新谋划“千万工程”新图景

历时20周年的“千村示范、万村整治”工程以其对浙江“三农”发展乃至中国“三农”发展作出的历史性重大贡献载入当代中国“三农”发展史册，历史性地成为浙江“三农”最亮的名片和品牌。在“千万工程”实施20周年之际，我们不仅要系统总结这项工程对浙江乃至全国“三农”发展作出的历史性贡献和重大意义，深入总结提炼“千万工程”成功的经验启示，更要思考在高质量发展建设共同富裕示范区的大场景下，“千万工程”如何确定新的建设目标，如何成为乡村高质量振兴、促进农村农民共同富裕的主抓手。我们要顺应新时代、新背景来擘画新一轮“千万工程”的新蓝图。要从当前全面建成小康社会新时代，消费迭代升级新时代，城乡融合发展新时代，生态文明建设新时代，数字化变革新时代，高质量发展共同富裕新时代的实际需求出发，把促进美丽乡村向未来乡村和富丽乡村迭代升级作为深化“千万工程”的新方向，把工作重心从建设乡村转向经营乡村。

温故知新，2003 年的“千村示范、万村整治”工程的目标是建设千个全面小康示范村，对万个行政村人居环境进行全面整治，浙江开创了社会主义新农村建设的先河。在“千万工程”实施 10 周年之际，省委、省政府把美丽乡村建设作出深化“千万工程”的新目标，浙江由此开启“千村示范、万村美丽”的美丽乡村建设新征程。“千万工程”20 周年之际，面对浙江高质量发展建设共同富裕示范区这一新中心任务，建议把建设一千个作为共同富裕基本社会单元、体现农业农村现代化先进水平的未来乡村作为示范引领，开展万村奔富丽的富丽乡村创建活动，使“千村向未来，万村奔富丽”为主题的新一轮“千万工程”成为促进农民农村共同富裕的主抓手。

未来富丽乡村既是农民美好生活的幸福家园，也是市民休闲养生的生态乐园，又是留得住乡愁的文化故园；是人与自然和谐的绿色家园，还是发展美丽经济的产业新园和数字赋能的智慧田园。建设未来富丽乡村的新思路：产业兴旺的特色乡村、睦邻友爱的和谐乡村、美丽宜居的花园乡村、生态乐活的健康乡村、文化深厚的人文乡村、四治合一的善治乡村、智慧赋能的数字乡村、服务完善的无忧乡村、包容大气的开放乡村、共创共富的共富乡村。

习近平总书记先后四次为“千万工程”作出重要批示，为全面贯彻习近平总书记系列重要指示精神，展现习近平同志在浙江工作时创造的宝贵理论财富、实践财富和精神财富，应把深化“千万工程”作为捍卫“两个确立”、做到“两个维护”的重要窗口，积极推进对“千万工程”的理论研究及宣传展示工作。目前，由浙江省农业农村厅指导、东阳市人民政府承建的浙江省“千万工程”展示馆已建成，是全面推介浙江“千万工程”宝贵经验、展现浙江美丽乡村建设成果和未来方向的多维展览空间，可以以此为平台，办好浙江“千万工程”20 周年成果展，使之成为宣传展示浙江“千万工程”和习近平“三农”理论与创新实践的重要“窗口”。同时，以“千万工程”为背景的《大道地》电视剧开机，将以文艺形式宣传“千万工程”。

# "八八战略"：跨越时空的思想传承和行动指南*

□ 郭占恒[1,2]

（1. 湖州师范学院，"两山"理念研究院，湖州，313000；

2. 浙江省经济信息中心智库，杭州，310006）

"八八战略"是时任浙江省委书记习近平同志在2003年7月10日召开的省委十一届四次全会上，围绕加快全面建设小康社会、提前基本实现社会主义现代化目标，正确认识和把握国内外形势，紧密联系浙江的优势和特点，作出的进一步发挥"八个方面的优势"、推进"八个方面的举措"的简称，距今已20年。

20年来，在"八八战略"的指引下，浙江省委坚持一张蓝图绘到底，一任接着一任干，推动经济社会发展取得了历史性成就，实现了历史性变革。20年来，"八八战略"根植于浙江大地的生动实践，越来越彰显出伟大的真理力量，成为跨越时空的思想传承和行动指南。

全面认识和把握"八八战略"，首先要明确三点：第一，"八八战略"不是简单的一个一个战略的叠加和一项一项工作的部署，而是一个完整系统的思想理论体系，是一个开放性和包容性的战略框架，承载着习近平同志的立场观点方法，理念思维思想，体现了他领导浙江工作的全部思想理论、思维方式、领导方法、战略布局和政策举措。第二，"八八战略"不是概念，不是口号，更不是教条，而是针对浙江发展存在的问题和遇到的"成长的烦恼"，提出的如何发挥优势、补齐短板的行动纲领和行动指南，是"干在实处、走在前列"的总体要求。第三，"八八战略"是跨越时空的，不受一时一地的局限。从时间维度看，如今20年过去了，"八八战略"越来越

---

* 作者简介：郭占恒，湖州师范学院"两山"理念研究院学术委员会委员，浙江省委政策研究室原正厅级副主任、研究员，浙江省习近平新时代中国特色社会主义思想研究中心研究员，浙江省经济信息中心智库首席专家，从事区域经济与政策研究。

本文为作者在第二届"绿水青山就是金山银山"理念湖州论坛暨国际研讨会上的主旨发言。

彰显出伟大的真理力量和实践力量，以后还会延续下去。从空间维度看，“八八战略”早已走出浙江，走向全国甚至世界，如“两山”理念、“千万工程”、“浦江经验”、科技特派员制度等，都在全国甚至全球产生了广泛而深远的影响。

总体来说，“八八战略”是一个科学完整系统的理论体系和实践体系，需要从以下六个方面来认识和把握：

## 一、“八八战略”的重大理论意义和实践意义

深入践行“八八战略”是理论和实践的需要，是浙江奋力推进“两个先行”、着力打造“重要窗口”的需要。

第一，践行“八八战略”是学习贯彻习近平新时代中国特色社会主义思想和主题教育活动的需要。“八八战略”是打开伟大思想理论宝库的一把钥匙，也是学习伟大思想的一个学习窗口，更是浙江开展寻迹溯源，学思想、促践行活动的中心环节。

第二，践行“八八战略”是学习贯彻党的二十大精神和“两会”精神的需要。党的二十大擘画了今后一个时期全面建设社会主义现代化国家的宏伟蓝图，2023 年两会明确了实现这张宏伟蓝图的行动计划。“八八战略”对浙江提前基本实现现代化进行了前瞻性谋划和探索，有助于我们更好地贯彻落实党的二十大精神和全国两会精神。

第三，践行“八八战略”是学习贯彻习近平关于“八八战略”20 周年重要批示精神和其他有关重要批示精神的需要。第二届“绿水青山就是金山银山”理念湖州论坛，正是我们贯彻落实“八八战略”20 周年系列活动其中的一个重要内容。

第四，践行“八八战略”是学习贯彻浙江省第十五次党代会报告精神的需要。2022 年 6 月 20 日，浙江省召开第五次中国共产党全国代表大会，明确提出浙江忠实践行“八八战略”，奋力推进“两个先行”，着力打造“重要窗口”的奋斗目标和主要任务。其中，全面系统总结了习近平总书记对浙江工作提出的“5 大战略指引”和十一个方面重要遵循，并明确强调在“5 大战略指引”中，“八八战略”是管总的。要求以“八八战略”实施 20 周年为新契机、新起点，持续推动“八八战略”形成“理论付诸实践、实践上升到理论、再付诸实践”的迭代深化和螺旋上升，推动习近平新时代中国特色社会主义思想在浙江的生动实践，并不断取得新的重大标志性成果。

第五，践行“八八战略”是学习贯彻浙江省委三个“一号工程”的需要。2023 年初，浙江省委提出三个“一号工程”，这三个“一号工程”都根植于“八八战略”，也是对“八八战略”的再深化、再认识、再践行。

## 二、“八八战略”产生的时代背景和实践背景

时代是思想之母，实践是理论之源。“八八战略”提出 20 年来，为浙江带来精彩的迭变。“八八战略”到底怎么来的，它产生的时代背景和实践基础在哪里？概括地说，“八八战略”主

要是来自以下三个方面：

一是来自大量的调查研究。总书记多次讲“八八战略”来自于大量的调查研究。从总书记踏上浙江大地的第一天开始，就提出要以调查研究开局。2002年10月12日，习近平同志在浙江省领导干部会议上说：“我初来乍到，对浙江的情况不熟悉，首先要深入基层调查研究，全面了解情况、熟悉工作，尽快进入‘角色’，履行好党和人民赋予的工作职责。”随后，第二天开始利用晚上时间走访七位正省级离休老同志，十天之后赴嘉兴南湖调研，然后就马不停蹄调研全省11个地级市和县市区。2003年新年过后，开年的第一个工作日（2003年2月10日），习近平同志主持召开省委理论学习中心组会议，会议明确了2003年的省委工作是调查研究年、转变作风年，通过了《关于推进调查研究工作规范化制度化的意见》和《2003年省委、省政府领导调研计划及有关重点工作》。习近平同志还承担了两个课题：一个是主动接轨上海；另一个是建设生态省，并提出研究七大战略性课题，还讲了调研工作务求深实细准效，后来发表在“之江新语”开篇的第一篇。可见，习近平同志到浙江工作整个开局完全是从调查研究开始的。

二是来自对当时世情、国情、省情的深刻认识和把握。从世情来看，中国加入世界贸易组织是中国真正融入经济全球化的标志性事件，浙江是外贸出口大省，怎么样把握好世情，对浙江极为重要。从国情来说，党中央对浙江提出了继续走在前列和走在前列的“2+3”的要求。从省情来说，习近平同志到浙江工作的时候，浙江正处在一个历史的转折关头：一方面经济发展走上快车道，实现追赶型发展，经济总量跃升至全国第4位；另一方面遇到“成长的烦恼”和发展中的问题，正处在爬坡过坎的关键时期。习近平同志针对浙江发展面临“先天不足”和“成长的烦恼”，经过深入调查研究和系统谋划，为浙江制定了作为省域发展全面规划和顶层设计的“八八战略”。

三是来自狠抓落实的结果。我们今天对“八八战略”从上到下思想高度重视，而当年提出“八八战略”时，部分人并没有完全认识到“八八战略”的重要性。习近平同志强调，要以一分部署九分落实的精神，要以钉钉子、拧螺丝的精神，一年一年抓下去，一件一件抓下去。2004年2月26日，习近平同志在《之江新语》上发表：“抓而不实，等于白抓”的文章提到，落实“八八战略”是加快浙江经济社会发展的客观要求，是广大人民群众的共同愿望，是浙江省今年和今后一个时期的战略任务。全省上下必须思想高度重视，必须摆上重要位置，必须结合实际贯彻，必须狠抓工作落实。对“八八战略”做出的总体规划和提出的各项任务，要一步一步地展开，一项一项地分解，一件一件地落实，一年一年地见效。后来，习近平同志当选总书记后，每当谈起浙江的工作，总是要求坚持“八八战略”一张蓝图绘到底，一任接着一任干。

## 三、“八八战略”的精神实质和内在逻辑

“八八战略”的内涵十分丰富，寓意十分深刻，体现了浙江发展的历史逻辑、理论逻辑和

实践逻辑的统一，具有普遍的规律性和长期的指导性。

研读和践行“八八战略”不能简单看“发挥八个优势、推进八项举措”这八条，而是要深入浅出。所谓“深入”，就是要读原文、读原著。2003 年 7 月举行的第十一届四次全体（扩大）会议上关于“八八战略”的报告，正文有 3200 余字，里面有大量丰富的内容和举措。即使通读了正文，也远远不够，因为习近平总书记在阐述“八八战略”时，还有 9000 多字的插话。这些插话充分论证了“八八战略”提出的必要性、必然性和科学性，对浙江省统一思想、统一认识、统一行动具有十分重要的意义。后来，这些插话被录入习近平总书记《干在实处 走在前列》的著作中。

所谓“浅出”，就是要学原理，把握精神实质。从原理和精神实质上看，“八八战略”第一条讲改革创新，这是浙江发展的逻辑起点；第二条讲区位开放，这是浙江发展的动力和空间所在；第三条讲产业升级，走新型工业化道路；第四条讲城乡融合，走新型城市化和新农村建设道路；第五条讲生态文明，走绿色发展之路；第六条讲山海互动、陆海统筹，加快建设海洋经济强省；第七条讲环境建设，优化软硬环境；第八条讲人文优势，建设文化大省，这是浙江发展的逻辑基础，因为文化是浙江发展最深厚的底蕴和最丰富的土壤。

从发展经济学角度来说，“八八战略”也可以说是八大论，即改革创新论、区位开放论、产业升级论、城乡融合论、生态文明论、山海空间论、环境优化论、文化建设论。这八大论不仅讲了经济发展，也讲了政治发展、文化发展、社会发展、生态发展等全面发展；不仅讲了全面发展，而且讲了全面治理。每一条都既讲发展又讲治理，是集发展与治理相统一的战略框架和理论体系，为我们研究探索区域发展和治理提供了一个全新的视角和理论框架。可见，“八八战略”是一个严密的理论体系、严密的逻辑体系、严密的实践体系，值得好好深挖研究，使之学理化、体系化。

## 四、“八八战略”和“四个全面”在精神上是契合的

“八八战略”博大精深，是一个理论宝库和一座思想富矿，是习近平新时代中国特色社会主义思想在省域层面探索和实践的集中体现。全面把握好“八八战略”与习近平新时代中国特色社会主义思想的关系，搞好浙江省委提出的“循迹溯源学思想促实践”活动，重在深刻认识和把握好四句话：

一是 2015 年 5 月习近平总书记在浙江考察时指出的，“八八战略”和“四个全面”在精神上是契合的。进而也可以说，“八八战略”与党的十八大以来习近平总书记提出的“五位一体”总体布局、“四个全面”战略布局、五大新发展理念、六大思维方式和六个观①等，在思想上一脉相承，在精神上是契合的。

二是中共中央党校出版社出版的《习近平

①五大新发展理念：创新、协调、绿色、开放、共享。六大思维方式：辩证、系统、战略、法治、底线、精准思维。六个观：世界观、价值观、历史观、文明观、民主观、生态观。

在浙江》中“出版说明”所说的，作为浙江省域治理总纲领和总方略的“八八战略”是习近平新时代中国特色社会主义思想形成的重要理念和实践基础。

三是浙江省委多次强调指出的，“八八战略”是习近平新时代中国特色社会主义思想在浙江萌发与实践的集中体现。“八八战略”是取之不尽、用之不竭的巨大宝藏。我们要深刻认识“八八战略”的丰富内涵、独特优势、时代价值、历史意义，大力推动理论创新、实践创新、制度创新、文化创新，更好彰显“八八战略”强大的真理力量与实践伟力，持续推动“八八战略”走深走实。

四是在深入研究的基础上提出，“八八战略”是习近平新时代中国特色社会主义思想的重要组成部分。

## 五、坚持“八八战略”一张蓝图绘到底，一任接着一任干

20年来，“八八战略”一直是浙江省委工作的主题主线。2002年10月到2007年3月，浙江省委擘画实施“八八战略”。2007年3月到2012年12月，浙江省委全面深入实施“八八战略”。2012年12月到2017年4月，浙江省委坚持“八八战略”为浙江现代化建设导航。2017年4月到2020年8月，浙江省委坚定不移沿着“八八战略”指引的路子走下去。2020年9月到2022年12月，浙江省委忠实践行“八八战略”，奋力打造“重要窗口”。2022年12月以来，浙江省委坚定不移深入实施“八八战略”，作出实施“三个一号工程”的部署。总之，20年来，浙江省委坚持一张蓝图绘到底，一任接着一任干，推动经济社会发展取得了历史性成就，实现了全方位地精彩蝶变。

## 六、“八八战略”引领浙江率先走上科学发展和高质量发展道路

“八八战略”既是为浙江谋发展的战略，也是为浙江人民谋幸福的战略。“八八战略”提出20年来，改变了浙江原有的发展轨迹和路径依赖，提高了浙江发展的层次和格局，引领浙江率先走上了创新、协调、绿色、开放、共享的高质量发展道路，引领浙江实现了从经济发展向全面发展、从低端制造向中高端制造、从城乡分割向城乡融合、从陆海阻隔向陆海统筹、从环境污染向环境友好、从经济大省向经济强省、从对内对外开放向深度和全球化、从总体小康向高水平全面小康、从一部分人先富起来向共同富裕的历史性跃迁。

绿色低碳与生态文明

# 牢固树立践行“两山”理念　加快推进农业绿色低碳发展*

□ 尹成杰
（农业农村部，北京，100125）

2005 年 8 月 15 日，时任浙江省委书记习近平在安吉县余村考察时，首次提出“绿水青山就是金山银山”的科学论断。2012 年，党的十八大把生态文明建设纳入中国特色社会主义事业“五位一体”总体布局，我国新时代生态文明建设的顶层设计和制度体系建设加快推进。“两山”理念成为习近平生态文明思想的重要基础。2017 年，党的十九大把“必须树立践行绿水青山就是金山银山”的理念写入了大会报告。2022 年，党的二十大报告再次强调，“必须牢固树立和践行绿水青山就是金山银山”的理念，站在人与自然和谐共生的高度谋划发展。

“八八战略”“千万工程”实施 20 年来，浙江经济社会发展和生态环境建设发生了历史性的重大变化，取得了举世瞩目的重大成就。从实施“八八战略”“千万工程”的实践看，“八八战略”“千万工程”体现和贯穿着坚持绿色发展、人与自然和谐共生的新发展理念。“八八战略”“千万工程”“两山理念”一脉相承，是习近平生态文明思想的理论基础，是习近平新时代中国特色社会主义思想的重要组成，丰富和发展了马克思主义生态文明理论，对推进新时代中国特色社会主义物质文明、政治文明、精神文明、社会文明、生态文明建设具有重大的现实意义和历史意义。

党的二十大对新时代新征程我国经济社会绿色发展作出重要部署。习近平总书记在党的二十大报告中指出：“推动绿色发展，促进人与自然和谐共生。”同时，强调：“尊重自然、顺应自然、保护自然，是全面建设社会主义现代化国家的必然要求。

---

* 作者简介：尹成杰，国务院参事室特约研究员，原农业部常务副部长。
本文为作者在第二届“绿水青山就是金山银山”理念湖州论坛暨国际研讨会上的主旨发言。

必须牢固树立和践行绿水青山就是金山银山的理念，站在人与自然和谐共生的高度谋划发展。”在党的二十大报告中，习近平总书记还指出：“加快发展方式绿色转型”“深入推进环境污染防治”“提升生态系统多样性、稳定性、持续性”“积极稳妥推进碳达峰碳中和”。这些重要论述和部署，深刻指明了新时代新征程坚持绿色发展的重要性和战略性，提出了未来五年和今后一个时期我国坚持绿色发展的目标任务方针和原则，这是新时代新征程我国坚持绿色发展的科学指引和根本遵循。

习近平总书记提出的绿色发展理念，既包含着重大的理论创新，又积淀着丰富的实践探索，站位高远、内涵丰富，极具理论性、全局性、战略性、前瞻性和引领性。习近平总书记提出的绿色发展理念和一系列重要论述，深刻地揭示并阐明了在推进加快发展中正确处理人与自然、发展与保护、生态与财富、环境与民生、当前与长远等重大关系问题，为新时代我国经济绿色发展，实现高质量发展和加强生态文明建设指明了方向。

一是关于正确处理人与自然的关系问题。习近平总书记从现代化建设全局高度，强调正确处理人与自然的关系。他曾深刻指出：“中国式现代化是人与自然和谐共生的现代化。”“大力推进生态文明建设，提供更多优质生态产品，不断满足人民日益增长的优美生态环境需要。”在党的二十大报告中又进一步强调：“站在人与自然和谐共生的高度谋划发展。”为正确处理人与自然、发展与自然的关系指明了方向。人与自然相互依存，是生命共同体。人类只有保护自然，才能保护和发展自己。人类只有尊重和遵循自然，与自然和谐相处，才能赢得和分享自然的回馈。

二是关于正确处理发展与保护的关系问题。习近平总书记立足发展全局，着眼长远发展，深刻指明大保护的战略性和全局性，强调“共抓大保护，不搞大开发”“探索出一条生态优先、绿色发展新路子”“共同抓好大保护，协同推进大治理”“保护生态环境就是保护生产力，改善生态环境就是发展生产力”。这些重要论述深刻阐明了大保护的极端重要性。大保护是大发展的基础，是持续发展的前提。要倍加保护绿水青山黑土，依水护水，靠山保山，种田养田。保护好生态环境和资源，就是保护人类赖以生存的家园，就是保护好满足人类需求的基本供给源。

三是关于正确处理生态与财富的关系问题。习近平总书记始终从中华民族长远利益出发，把生态环境保护摆在战略性、压倒性位置，提出具有引领性、意义深远的新的生态价值观和生态财富观。在党的二十大报告中再次强调，“必须牢固树立和践行绿水青山就是金山银山的理念”这些著名论断，鲜明而生动地指明保护绿水青山就是保护金山银山、发展绿水青山就是发展金山银山，深化对生态价值和生态财富的再认识，极大地调动和激励人们保护生态环境的积极性、主动性和创造性。

四是关于正确处理环境与民生的关系问题。习近平总书记始终从人民利益出发，把生态环境保护摆到民生福祉的重要位置，赋予生态环境新内涵、新定位、新功能。在党的十九大报告中强调，“既要创造更多物质财富和精神财富以满足人民日益增长的美好生活需要，也要提供更多优质生态产品以满足人民日益增长的优美生态环境需要”。在党的二十大报告中强调，“持续深入打好蓝天、碧水、净土保卫战”“提升环境基础设施建设水平，推进城乡人居环境整治”。这些重要论述，清晰概括和定位了生态环境的重要特征和属性功能。良好的生态环境是最普惠的民生福祉和最公平的公共产品，保护环境就是保护民生福祉。坚决不搞过度开发、资源透支、环境受损，防止竭泽而渔。坚持以维护人民长远民生为出发点，立足当前、着眼未来、永续发展、造福后代。

五是关于正确处理当前与长远的关系问题。习近平总书记高度重视运用辨证的方法去认识和解决发展中的问题，并在发展中处理好当前与长远的关系问题作出一系列论述。他强调：“既要立足当下，一步一个脚印地解决具体问题，积小胜为大胜；又要放眼长远，克服急功近利、急于求成思想”“我们做一切工作，都必须统筹兼顾，处理好当前与长远的关系。我们强调求实效、谋长远，求的不仅是一时之效，更有意义的是求长远之效”。这些重要论述深刻分析了加快发展中的当前与长远、小胜与大胜、一时之效与长远之效等辩证关系，为绿色发展、长远发展、可持续发展提供了科学指引，指明了方向。

党的二十大对新时代新征程“三农”工作作出重要部署和安排，提出了全面推进乡村振兴，加快建设农业强国的新任务、新要求。坚持农业绿色发展是全面推进乡村振兴，加快农业强国建设的必由之路。习近平总书记曾强调，坚持人与自然和谐共生、走乡村绿色发展之路。推进农业绿色发展、可持续发展，事关国家粮食安全和重要农产品供给，事关农民增收和共同富裕，事关推进全面乡村振兴和建设农业强国，事关我国经济高质量发展。习近平总书记高度重视农业绿色发展，提出了一系列关于农业绿色发展的重要论述，为全面推进乡村振兴、加快建设农业强国、实现中国特色农业农村现代化提供了根本遵循、基本路径、制度安排。坚持农业绿色发展，就是深入学习领会习近平总书记关于农业绿色发展的博大情怀、鲜明立场、科学态度、系统方法，全面准确地贯彻落实习近平总书记基于绿色发展提出的一系列重大理念、重大战略、重要论述和重大任务。

一是切实保护好农业资源。保护好农业资源是绿色发展的重要前提。保护好、建设好农业资源和加快农业科技创新是“两藏”战略的实质。要加强耕地、淡水等农业资源的保护，特别是要保护好永久性基本农田和高标准农田，牢牢守住18亿亩耕地红线，守住15.46亿亩永久性基本农田，10亿亩高标准农田。要按照党的二十大的部署，认真实行耕地保护党政同责制，采取“长牙齿”的硬措施，做到18亿亩耕地实至名归，逐步把永久基本农田全部建成高标准农田。

二是深入实施山水林田湖草沙一体化保护治理观念。习近平总书记指出，山水林田湖草沙是一个生命共同体。这一重要论述深刻阐释了其相互依存、互为制约、彼此影响的内在联系和变化规律，指明了一体化保护利用治理的基本路径。要因地制宜，从本地山水林田湖草沙基础资源布局和结构特点出发，统一保护、统筹治理、协同利用。要研究和兼顾各资源要素在生命共同体中的彼此关联、相互作用、彼此影响，在保护中利用，在利用中兼顾，在兼顾中平衡，维护生态系统的一体化、绿色化和稳定性。要加强山林和草原规划建设，提高发展质量。要加强重要江河流域生态环境保护和修复，统筹水资源保护和合理开发利用。

三是大力提高农业综合生产能力。这是推进农业绿色高质量发展的根本性要求。农产品是保障民生的重要大宗初级产品。坚持绿色发展，关键要抓好农产品生产的各类农业资源保护和供给。要把提高农业综合生产能力摆在更加突出位置，为提高粮食综合生产能力提供农业资源要素供给。保耕地、保面积、保产量，尽可能增加耕地资源储备和供给，牢牢守住保障国家粮食安全底线。要认真贯彻实施大食物观，充分利用各类资源，扩大食物生产路径。

四是加快转变农业发展方式。习近平总书记指出，“出路只有一个，就是坚定不移加快转变农业发展方式”“走产出高效、产品安全、资源节约、环境友好的现代农业发展道路”。坚持节约资源和保护生态环境的基本国策，要推动加快形成农业绿色发展方式和生产方式，推动农业农村节能减排。要大力推进乡村振兴向绿色低碳的根本转变。农业生产继续实行“一控两减三基本”，继续搞好农业面源污染治理。进一步提高畜牧业规模化、集约化程度，推进畜牧业绿色发展，巩固和提高畜牧业对生态资源和环境影响的综合治理成果，加大畜牧业粪污资源化利用整县推进全覆盖的力度，为实现双碳目标做贡献。

五是深入推进农业农村产业结构战略性调整。要把农业农村产业结构调绿调优调强。开发农业多功能性，拓展乡村多元产业，积极发展乡村文旅、康养、休闲、观光等产业，提高绿色农产品和生态环境产品供给能力，形成稳定的绿色农业生产链、供应链和生态环境链。农村文旅康养产业是现代乡村的朝阳产业，应以满足城乡居民日益增长的消费需求为导向，深入挖掘农业农村的生态涵养、休闲观光、文化体验、乡土教育、健康养老等多种资源和功能，实行农耕文化、休闲康养、农村文旅精品工程相结合，发展文旅农业、观光农业、体验农业和生态农业，加快发展现代农村文旅康养新产业、新业态，拓展农业农村就业增收渠道，把农村文旅康养产业办成农民农村共同富裕的支柱产业，促进农业高质高效、乡村宜居宜业、农民富裕富足。

六是要加快推进生态宜居和美乡村建设。持续实施农村人居环境整治提升五年行动，扎实开展重点领域农村基础设施建设，加快推进生态宜居美丽乡村建设，大力推进数字乡村建设。搞好基础设施县域统筹，加快补齐“三农”领域短板，提高农村公共品供给能力。集中整治农村环境突出问题，健全农村环境治理长效机制。切实加大农村污水垃圾废弃物综合治理力度，减少环境污染和大气污染。认真实施农村人居环境整治和提升行动，统筹农村改厕和污水黑臭水体治理。加强农村生态环境保护与修复，实施重要生态保护和修复重大工程，建设生活环境整洁优美、生态系统稳定健康、人与自然和谐共生的生态宜居环境。

七是认真贯彻实施推进农业绿色发展的政策措施。中央制定出台了扶持农业绿色发展的政策措施，要进一步明确和坚持农业绿色发展的政策导向，建立健全农业农村绿色发展的激励机制，倡导和形成农业绿色发展方式和农村绿色生活方式。进一步健全完善生态绿色制度、绿色政策、绿色项目、绿色金融、绿色保险和绿色技术等政策机制，调动地方政府和农民及新型农业经营主体等协同推进农业农村绿色发展的积极性和创造性。

# 和谐共生、和合共治、和美共富*

□林　震

（北京林业大学，生态文明研究院，北京，100083）

习近平总书记和谐共生、和合共治、和美共富这三大生态文明思想，在党的十九大报告和党的二十大报告中的生态文明部分都用了“坚持”。需要坚持的，一种是被认为正确的，另一种是一定要传承下去的。

一是坚持和谐共生的基本原则。《习近平生态文明思想学习纲要》把“坚持人与自然和谐共生”作为生态文明建设的基本原则。党的十九大报告将其确定为习近平新时代中国特色社会主义思想十四个基本方略的第九个。

二是坚持和合共治的基本路径。“和合文化”现在已经融入到整个中华民族精神当中，“尚和合、求大同”是中华文化的特质。共建、共治、共享在生态文明建设当中是重要的抓手和路径。

三是坚持和美共富的基本目标。如果第二个坚持（即坚持和合共治）是“坚持山水林田湖草沙一体化保护和系统治理”的体现，那么第三个坚持（即坚持和美共富）就是“坚持绿水青山就是金山银山”的内在要求。

## 一、坚持人与自然和谐共生的基本原则

2023年是“八八战略”实施20周年。2003年，时任浙江省委书记习近平同志在《求是》杂志第13期发表了关于生态文明建设的文章，提出“生态兴则文明兴，生态衰则文明衰”的科学判断，具有高度的前瞻性和预见性。

习近平总书记在庆祝中国共产党成立100周年大会上首次提出“坚持把马克思主义基本原理同中国具体实际相结合、同中华优秀传统文化相结合”，并在党的

---

* 作者简介：林震，北京林业大学生态文明研究院院长、马克思主义学院教授、博士生导师。

本文为作者在第二届“绿水青山就是金山银山”理念湖州论坛暨国际研讨会上的主旨发言。

二十大报告中深刻阐明"两个结合"的基本内涵和实践意义，强调不断推进马克思主义中国化时代化，打造中华现代文明。

### （一）先贤智慧

人与自然和谐共生这个基石在中国传统文化中能够找到丰富的思想源头。2018 年 5 月 18 日，习近平总书记在全国生态环境保护大会上的讲话中提到中华民族向来尊重自然、热爱自然。绵延 5000 多年的中华文明孕育着丰富的生态文化（见图 1）。

《易经》：天地变化，草木蕃。

《尚书》：惟天地万物父母，惟人万物之灵。

《国语》：古之长民者，不堕（破坏）山，不崇（填平）薮，不防（堵塞）川，不窦（穿通）泽。

《管子》：为人君而不能谨守其山林、菹泽、草莱，不可以立为天下王。

《老子》：人法地，地法天，天法道，道法自然。

《庄子》：天地与我并生，而万物与我为一。

《孟子》：不违农时，谷不可胜食也；数罟不入洿池，鱼鳖不可胜食也；斧斤以时入山林，林木不可胜用也。谷与鱼鳖不可胜食，材木不可胜用，是使民养生丧死无憾也。

《贞观政要》：夫治国犹如栽树，本根不摇则枝叶茂荣。君能清净，百姓何得不安乐乎？

**图 1　古代著作中的生态观**

《易经》里面提出来"天地变化，草木蕃"表达了朴素的唯物主义观，万事万物包括人类都是大自然的产物。《尚书》里面也讲，"惟天地万物父母，惟人万物之灵"。所以在中国传统文化里人与自然从来都是一体的。《国语》里面说，古代的统治者，不要随便破坏山，不要填平湿地，不要堵河流，不要把水给放掉，不要随便地破坏大自然。《管子》里面说，"为人君而不能谨守其山林、菹泽、草莱，不可以立为天下王"。《老子》里提到"道法自然"。《庄子》说，"天地与我并生，而万物与我为一"。《孟子》说，"斧斤以时入山林"。这些表明古人认为，山水林田湖草沙是不可分割的生态系统，是生命共同体，中国传统的系统观值得我们去传承。

《贞观政要》说，"夫治国犹如栽树，本根不摇则枝叶茂荣"，阐明了治理国家的根本就是保证老百姓的安居乐业。国家的根基是人民，"民惟邦本，本固邦宁"，中华民族的伟大复兴最重要的就是要扎根人民。我们国家的各级管理者和人民是一体的，它们是不可分开的。

"青山不墨千秋画，绿水无弦万古琴。"是中国传统文化的追求。人与自然和谐共生的现代化，是中国式现代化的一个重要特征和本质要求。

### （二）发展历程

党的十八大报告已经把"人与自然和谐共生"和现代化结合在一起。党的十八届五中全会提出了"创新、协调、绿色、开放、共享"的五大发展理念，强调遵循绿色发展理念，促进人与自然和谐共生。"共生"不是说你好我好大家好，而是说要相互促进，相辅相成。党的十九大报告把"坚持人与自然和谐共生"作为习近平新时代中国特色社会主义思想的十四个基本方略之一，明确提出要建设的中国式现代化是人与自然和谐共生的现代化，归根结底是为了不断满足人民对优美生态环境的需要。

坚持人与自然和谐共生，这个观点也是从生态性、文明性这样一个大历史观当中得出来的。生态衰则文明衰，生态兴则文明兴（见图 2 和图 3）。2022 年 3 月 30 日，习近平总书记在参加首都义务植树活动时首次提出“林草兴则生态兴”，指出森林和草原对国家生态安全具有基础性、战略性作用。至此，这一命题得到了完整的表述——林草兴则生态兴，生态兴则文明兴。

**图 2　问题导向：生态衰则文明衰**

资料来源：笔者自行拍摄。

**图 3　目标导向：生态兴则文明兴**

资料来源：笔者自行拍摄。

**（三）使命任务**

习近平总书记在党的二十大报告中阐述了中国式现代化是人与自然和谐共生的现代化。他指出，“人与自然是生命共同体，无止境地向自然索取甚至破坏自然必然会遭到大自然的报复。我们坚持可持续发展，坚持节约优先、保护优先、自然恢复为主的方针，像保护眼睛一样保护自然和生态环境，坚定不移走生产发展、生活富裕、生态良好的文明发展道路，实现中华民族永续发展”。习近平总书记还指出，中国式现代化的本质要求包括“促进人与自然和谐共生”。

把人与自然和谐共生作为新时代新征程中国共产党的使命任务，并且把它纳入中国式现代化的重要特征，纳入中国式现代化的本质要求，说明这是一个我们需要长期坚持下去的基本原则。

党的二十大报告提出了加快发展方式绿色转型，深入推进环境污染防治，提升生态系统多样性、稳定性、持续性，积极稳妥推进碳达峰碳中和的“绿环生碳”四大举措，致力于统筹产业结构调整、污染治理、生态保护、应对气候变化，协同推进降碳、减污、扩绿、增长，以期推进生态优先、节约集约、绿色低碳发展，建设美丽中国。把尊重自然、顺应自然、保护自然三个“自然”确立为全面建设社会主义现代化国家的内在要求，同时首次把生态系统的多样性、稳定性和持续性“三性”概括了出来。

## 二、坚持和合共治的基本路径

2015 年 1 月 20 日，习近平总书记到大理市湾桥镇中庄村委会古生村考察时，在洱海边“立此存照”，并殷殷嘱托：一定要把洱海保护好，让“苍山不墨千秋画，洱海无弦万古琴”的自然美景永驻人间，现如今，书写着“一定要把洱海保护好”的大青石伫立在古生村海滨，环洱海周边建起了环湖截污管网和生态屏障，洱海水也一年比一年更加清澈透明，这就是和合共治。

**（一）先贤智慧**

和合文化同样在中国传统文化里面有很好的体现。《易经》里面说，“二人同心，其利断金”。《国语》里说，“夫和实生物，同则不继”。《道德经》里面也讲，“万物负阴而抱阳，冲气以为和”。太极八卦图中阴中有阳，阳中有阴，不断循环往复，这就是一个辩证。《孔子》也讲，“君子和而不同，小人同而不和”。

习近平总书记2019年在郑州黄河流域生态保护和高质量发展座谈会上提到了大禹，他引用了古人的一句话“禹之决渎也，因水以为师”。习近平总书记用大禹治水的例子，强调黄河流域生态保护和高质量发展要尊重自然规律，摒弃征服水、征服自然的冲动思想。大禹在治水方面顺应自然，在治国方面则顺应民意，通过让有不同需求的百姓敲击“钟、鼓、磬、铎、鞀”这五种不同的乐器来分类听政，即“五音听治”。大禹作为国家最高的管理者，既要倾听民生，还要主动倾听。2021年的世界地球日，在领导人气候峰会上，习近平主席引用了《抱朴子》中的一句话，“众力并，则万钧不足举也”。就是说大家要齐心协力，只有各国共同努力才能应对气候变化。

**（二）发展历程**

2013年11月8日，党的十八届三中全会提出，建设生态文明，必须建立系统完整的生态文明制度体系，实行最严格的源头保护制度、损害赔偿制度、责任追究制度，完善环境治理和生态修复制度，用制度保护生态环境。2015年9月，中共中央、国务院印发的《生态文明体制改革总体方案》提出，构建以改善环境质量为导向，监管统一、执法严明、多方参与的环境治理体系，着力解决污染防治能力弱、监管职能交叉、权责不一致、违法成本过低等问题。2015年10月，党的十八届五中全会决定，加大环境治理力度，以提高环境质量为核心，实行最严格的环境保护制度，形成政府、企业、公众共治的环境治理体系。2017年10月，党的十九大报告中提出，要构建政府为主导、企业为主体、社会组织和公众共同参与的环境治理体系。2019年10月，党的十九届四中全会决议要求“坚持和完善生态文明制度体系，促进人与自然和谐共生”，并且明确了生态文明制度体系包括四个方面的内容，即实行最严格的生态环境保护制度、全面建立资源高效利用制度、健全生态保护和修复制度，以及严明生态环境保护责任制度。2020年3月，中共中央办公厅、国务院办公厅印发的《关于构建现代环境治理体系的指导意见》确定了最终的提法，即“构建党委领导、政府主导、企业主体、社会组织和公众共同参与的现代环境治理体系”。目标是到2025年，建立健全环境治理的领导责任体系、企业责任体系、全民行动体系、监管体系、市场体系、信用体系、法律法规政策体系，落实各类主体责任，提高市场主体和公众参与的积极性，形成导向清晰、决策科学、执行有力、激励有效、多元参与、良性互动的环境治理体系。

**（三）治理逻辑**

“和合共治”的治理逻辑包括治理主体、治理对象、治理方式和治理能力等。治理主体是党委领导、政府主导、企业主体、社会组织和公众共同参与的绿色治理体系。治理对象是山水林田湖草沙一体化保护和系统治理。治理方式是统筹产业结构调整、污染治理、生态保护、应对气候变化，协同推进降碳、减污、扩绿、增长。治理能力涵盖系统治理、依法治理、综合治理、源头治理、智慧治理、持续治理。

## 三、坚持和美共富的基本目标

2023年中央一号文件提出全面推进乡村振兴，要建设宜居宜业的和美乡村。当然，不光乡村要和美，城市同样也要和美，还要共同富裕。共同富裕是社会主义的本质特征。习近平总书记强调“绿水青山就是金山银山”，就是要让绿水青山产生经济效益，造福人民，把自然资源转化成惠及老百姓的民生福利。

**（一）先贤智慧**

《易经》开篇第一句卦辞是“乾，元亨利贞”，乾卦的文言传解释说“乾始能以美利利天下，不言所利，大矣哉”，意思是说天（自然）能以和美利他的特性使天下获利，却不标榜自己的功劳，真伟大呀！《管子》也讲“凡治国之道，必先富民”，民富才能国治，“穷则生变”，穷会让老百姓更容易破坏环境，同时还讲“草木植成，国之富也”。儒家的理想是“大道之行也，天下为公”，不仅要实现天下经济的繁荣富足，也要实现社会的公正和谐。《礼记·礼运》里讲，“选贤与能，讲信修睦。故人不独亲其亲，不独子其子，使老有所终，壮有所用，幼有所长，矜、寡、孤、独、废疾者皆有所养”。

**（二）发展历程**

党的十六大报告明确提出，促进人与自然的和谐，推动整个社会走上生产发展、生活富裕、生态良好的文明发展道路。党的十八届三中全会强调，政府的职责和作用主要是保持宏观经济稳定，加强和优化公共服务，保障公平竞争，加强市场监管，维护市场秩序，推动可持续发展，促进共同富裕，弥补市场失灵。党的十九大报告指出，新时代我国社会主要矛盾是人民日益增长的美好生活需要和不平衡不充分的发展之间的矛盾，必须坚持以人民为中心的发展思想，不断促进人的全面发展、全体人民共同富裕。党的二十大指出的中国式现代化的本质要求既有“促进人与自然和谐共生”，也有“实现全体人民共同富裕”。党的十八届五中全会提出人民富裕、国家富强、中国美丽。习近平总书记在庆祝中国共产党成立100周年大会上的讲话中强调人民富裕、国家强盛、中国美丽，这一提法一直延续到现在。由此可见，城乡人民的共同富裕和促进人与自然和谐共生，始终是中国式现代化的重要目标。

**（三）浙江实践**

习近平总书记指出，绿水青山既是自然财富、生态财富，又是社会财富、经济财富。保护生态环境就是保护自然价值和增值自然资本，要不断完善生态产品价值实现机制，使绿水青山产生源源不断的生态效益、经济效益和社会效益。

我们要坚持走生态优先、节约集约、绿色低碳的高质量发展之路，协同推进“生态好、百姓富、环境美”，提升发展“含绿量”和“含金量”，实现生态高颜值、发展高质量和生活高品质的融合提升。

浙江是习近平生态文明思想的重要诞生地和实践地，20年来提供的“千万工程”“绿水青山就是金山银山”的实践创新基地等丰富的实践经验，值得我们去深入挖掘。习近平生态文明思想来源于实践又用于指导实践，不断地与时俱进，不断地推陈出新。和谐共生、和合共治、和美共富这三大习近平生态文明思想，一定能够支撑生态文明的大厦，支撑人与自然和谐共生的现代化早日实现。浙江作为共同富裕先行先试的试验区，一定能够率先探索出这样一个样板。

# 我国生态文明建设的伟大变革及基本经验*

□ 郇庆治
(北京大学，马克思主义学院，北京，100871)

**摘　要**：改革开放45年，尤其是新时代十年以来，生态文明建设发生了举世瞩目的伟大变革。这些伟大变革的发生可以从三方面加以总结与深入分析：党的理论知识水平与实践推动能力大幅度提高；生态文明制度与政策体系的初步建立和改革创新；美丽中国建设与生态环境保护治理现代化的显著成效。推动新征程生态文明建设，必须坚持和完善中国共产党对生态文明建设的全面领导，持续推进习近平生态文明思想与新时代生态文明建设实践的结合与创新，相信并发挥包括地方政府（干部）在内的最广大人民群众的伟大创造力量。

**关键词**：改革开放；新时代十年；生态文明建设；习近平生态文明思想

改革开放以来，尤其是新时代十年以来，中国特色社会主义实现了伟大变革——“党和国家事业取得历史性成就、发生历史性变革，推动我国迈上全面建设社会主义现代化国家新征程”①，而生态文明建设成果更是这种历史性成就、历史性变革的“显著标志”②。因此，系统深入总结改革开放至今特别是党的十八大以来我国生态文明建设所取得的举世瞩目成就及其基本经验，对于全面推进美丽中国建设、加快推进人与自然和谐共生的现代化，稳步实现全面建成富强民主文明和谐美丽的

---

* 作者简介：郇庆治，北京大学马克思主义学院教授，北京大学习近平生态文明思想研究中心主任。

基金项目：本文是2022年度教育部哲学社会科学研究重大专项项目“习近平生态文明思想国际传播媒介、路径、机制及其经验研究”（2022JZDZ011）的阶段性成果。

本文部分内容为作者在第二届“绿水青山就是金山银山”理念湖州论坛暨国际研讨会上的主旨发言，已发表在《当代世界与社会主义》2023年第6期，有改动。

① 习近平. 高举中国特色社会主义伟大旗帜　为全面建设社会主义现代化国家而团结奋斗——在中国共产党第二十次全国代表大会上的报告［M］. 北京：人民出版社，2022：6.

② 习近平在全国生态环境保护大会上强调：全面推进美丽中国建设、加快推进人与自然和谐共生的现代化［EB/OL］. http：//www. news. cn/2023-07/18/c_1129756336. htm.

社会主义现代化强国目标,具有重要的理论与实践意义。

## 一、充分认识改革开放以来我国生态文明建设的历史性成就

从党和政府发布的权威文本或表述的角度来说,如下三个文件构成了我们正确认识与总结新时代生态文明建设进展的主要文献依据。

**(一)《中共中央关于党的百年奋斗重大成就和历史经验的决议》**

党的十九届六中全会通过的《中共中央关于党的百年奋斗重大成就和历史经验的决议》(以下简称"《决议》")指出,改革开放以来,我们党日益重视生态环境保护,尤其是"党的十八大以来,党中央以前所未有的力度抓生态文明建设,全党全国推动绿色发展的自觉性和主动性显著增强,美丽中国建设迈出重大步伐,我国生态环境保护发生历史性、转折性、全局性变化""党从思想、法律、体制、组织、作风上全面发力,全方位、全地域、全过程加强生态环境保护,推动划定生态保护红线、环境质量底线、资源利用上线,开展一系列根本性、开创性、长远性工作"①。

可以看出,第一段话对改革开放以来,尤其是党的十八大以来体现在"绿色发展""美丽中国建设""生态环境保护"等议题领域中的我国生态文明建设重要进展做出了高度评价——"显著增强""重大步伐""历史性、转折性、全局性变化"。第二段话则着重强调了以习近平同志为核心的党中央在这一进程中所发挥的全面领导与推动作用。这足以表明,生态文明建设既是改革开放以来,特别是过去十年党和政府高度重视、大力推进的公共政策议题,也是党和国家事业取得历史性成就、发生历史性变革的标志性政策议题领域。

**(二)党的二十大报告中关于生态文明建设的阐述**

党的二十大报告在第一部分"过去五年的工作与新时代十年的伟大变革"中,系统总结了改革开放至今,特别是过去十年来中国特色社会主义现代化建设事业所取得的历史性成就、所发生的历史性变革。

具体到生态文明建设领域,党的二十大报告对于过去五年来进展的评价是"大力推进生态文明建设",对于新时代十年来进展的评价是"要坚持'绿水青山就是金山银山'的理念,坚持山水林田湖草沙一体化保护和系统治理,全方位、全地域、全过程加强生态环境保护,生态文明制度体系更加健全,污染防治攻坚向纵深推进,绿色、循环、低碳发展迈出坚实步伐,生态环境保护发生历史性、转折性、全局性变化,我们的祖国天更蓝、山更绿、水更清",在进一步阐述依然面临的问题与挑战时则指出,"生态环境保护任务依然艰巨"。②

不难看出,党的二十大报告分别从"生态文明建设""美丽中国建设""生态环境保护"三个不同的主题词,对改革开放以来尤其是党

① 中共中央关于党的百年奋斗重大成就和历史经验的决议[M].北京:人民出版社,2021:51-52.

② 习近平.高举中国特色社会主义伟大旗帜 为全面建设社会主义现代化国家而团结奋斗——在中国共产党第二十次全国代表大会上的报告[M].北京:人民出版社,2022:3+11+14.

的十八大以来的生态文明建设给出了一个基于十年考量、更加全面肯定的评价——明显高于党的十九大报告使用的“成效显著”和党的十八大报告使用的“扎实展开”，而在强调依然存在的问题和挑战时则使用了与过去相近的表述，如“生态环境保护任重道远”和“生态环境问题较多”等，这在一定程度上反映了党中央对于我国生态环境质量改善水平的审慎态度。

需特别指出的是，党的二十大报告还专门强调要从“五史”高度，认识包括生态文明建设进展在内的新时代十年巨大成就与变革的重大意义。“新时代十年的伟大变革，在党史、新中国史、改革开放史、社会主义发展史、中华民族发展史上具有里程碑意义。”① 以此而论，我们应该不仅限于《决议》和党的二十大报告所列举的具体成果，而且应该从一种更宽阔的理论视野和动态发展的观察角度，来理解、概括新时代中国特色社会主义生态文明建设所取得的理论与实践创新，如逐步形成并确立了习近平生态文明思想，建设美丽中国逐渐成为新时代中国现代化建设明确的目标性任务，当代中国日渐成为全球生态文明建设的重要推动引领力量，等等。

**（三）习近平在2023年全国生态环境保护大会上的讲话**

习近平在2023年7月17~18日举行的全国生态环境保护大会上强调，改革开放尤其是党的十八大以来，我们把生态文明建设作为关系中华民族永续发展的根本大计，开展了一系列开创性工作，决心之大、力度之大、成效之大前所未有，生态文明建设从理论到实践都发生了历史性、转折性、全局性变化，美丽中国建设迈出重大步伐。在此基础上，他进一步概括了我国生态环境保护治理或生态文明建设议题领域已经或正在发生的四个方面的“重大转变”：“由重点整治到系统治理的重大转变”“由被动应对到主动作为的重大转变”“由全球环境治理参与者到引领者的重大转变”“由实践探索到科学理论指导的重大转变”。正因如此，他明确指出，经过改革开放以来特别是新时代十年的不懈努力，我国生态文明建设不仅带来了“万里河山更加多姿多彩”意义上的巨大变化，而且成为党和国家事业整体上取得历史性成就、发生历史性变革的“显著标志”。②

由此可见，习近平上述重要讲话，不仅是对《决议》、党的二十大报告主要观点的进一步诠释阐发，也是对改革开放以来特别是新时代十年我国生态文明建设理论与实践的更加系统深入的概括总结。③ 当然，必须明确，这些高度肯定性评价本身固然重要，但更重要的是学习贯彻由此所引出的关于继续推进生态文明建设需要认识处理好的重大辩证关系和扎实落实好的战略性任务的深刻阐述，从而科学认识和应对人与自然和谐共生现代化建设过程中的新情况、新问题、新挑战，不断谱写新时代生态文明建设新篇章。

---

① 习近平. 高举中国特色社会主义伟大旗帜 为全面建设社会主义现代化国家而团结奋斗——在中国共产党第二十次全国代表大会上的报告［M］. 北京：人民出版社，2022：15.

② 习近平在全国生态环境保护大会上强调：全面推进美丽中国建设、加快推进人与自然和谐共生的现代化［EB/OL］. http://www.news.cn/2023-07/18/c_1129756336.htm.

③ 郇庆治. 推进生态文明建设须正确处理五个重大关系［N］. 大众日报，2023-08-15（6）.

## 二、改革开放以来我国生态文明建设的三大方面进展

如上所述，我国改革开放以来，尤其是新时代十年的生态文明建设发生了举世瞩目的巨大变化或“重大转变”。那么，这些伟大变革究竟是如何发生或何以发生的呢？可以从如下三个层面加以深入分析与总结：党的理论知识水平与实践推动能力的大幅度提高；生态文明制度与政策体系的初步建立和改革创新；美丽中国建设与生态环境保护治理现代化的显著成效。

### （一）党的理论知识水平与实践推动能力的大幅度提高

#### 1. 理论创新层面

习近平生态文明思想是以习近平同志为主要代表的当代中国共产党人关于广义的生态环境保护治理或生态文明建设议题的理论思考及政策实践，是习近平新时代中国特色社会主义思想的重要组成部分。更进一步说，就其核心要义而言，它同时是当代中国和21世纪的马克思主义生态学，是中国共产党新时代的绿色政治意识形态与治国理政方略，是中国特色、中国风格、中国气派的环境人文社会科学理论。

作为一个完整的理论体系构架或样态，习近平生态文明思想首先呈现为习近平在2018年全国生态环境保护大会上讲话（以下简称“5·18讲话”）中最先阐明的、推进生态文明建设必须坚持的“六项原则”：“坚持人与自然和谐共生”“绿水青山就是金山银山”“良好生态环境是最普惠的民生福祉”“山水林田湖草是生命共同体”“用最严格制度最严密法治保护生态环境”“共谋全球生态文明建设”[①]。可以说，这六项原则及其系统性阐述，不仅集中体现了新时代中国共产党人对于为什么建设生态文明、建设什么样的生态文明、怎样建设生态文明的重大理论和实践问题的深刻回答，也包含了作为习近平生态文明思想主要构成元素的创新性理念、论断和战略。

以此为蓝本，一方面，习近平生态文明思想的理论意涵不断扩展成为一个包含“十个坚持”的权威性理论话语体系，即“坚持党对生态文明建设的全面领导”“坚持生态兴则文明兴”“坚持人与自然和谐共生”“坚持绿水青山就是金山银山”“坚持良好生态环境是最普惠的民生福祉”“坚持绿色发展是发展观的一场深刻革命”“坚持统筹山水林田湖草沙系统治理”“坚持用最严格制度最严密法治保护生态环境”“坚持把建设美丽中国转化为全体人民自觉行动”“坚持共谋全球生态文明建设之路”[②]。另一方面，习近平生态文明思想的科学体系意涵在环境人文社会科学图谱的不同维度下得到了具体、深入与多样化的探究[③]，比如，将其分别视为由理念原则、制度构想与战略举措三个维度构成的统一整体，由政策内容、理论话语和

① 习近平．论坚持人与自然和谐共生［M］．北京：中央文献出版社，2022：8-14.

② 中共中央宣传部，中华人民共和国生态环境部．习近平生态文明思想学习纲要［M］．北京：学习出版社，2022：2-3.

③ 郇庆治．习近平生态文明思想的科学体系研究［J］．马克思主义与现实，2023（1）：16-25；郇庆治．习近平生态文明思想的科学体系研究：一种分析框架［J］．福建师范大学学报（哲学社会科学版），2022（6）：67-76+169-170.

学科教育传播三个体系构成的统一整体，由理论、实践与传统三个层面构成的统一整体，等等。自觉将习近平生态文明思想当作一个内容丰富且不断发展的理论体系和学术对象来研究，不仅展现了这一理论体系与依然迅速进展中的实践的辩证互动特征，也反映了作为认知实践主体的从社会精英到普通民众的绿色思维与知识水平提升，而这是任何先进理论得以发挥现实影响的先决性条件。

习近平生态文明思想如今已拥有许多新经典性质的权威文献，包括党的二十大报告（2022）、党的十九大报告（2017）、党的十八大报告（2012）、《论坚持人与自然和谐共生》（2022）、《习近平关于社会主义生态文明建设论述摘编》（2017）、《习近平著作选读》（两卷）（2023）、《习近平谈治国理政》（四卷）（2014~2022）等，从而为其大众化传播与宣传教育提供了便利条件。尤其是，“5·18讲话”不仅首先全文发表在《求是》杂志2019年第3期，还先后被全文（节选）收入了《习近平谈治国理政》（第三卷）、《论坚持人与自然和谐共生》和《习近平著作选读》（第二卷），因而是习近平生态文明思想的标志性理论成果、“经典中的经典”。[①]

在所有核心理念的大众化传播中，“绿水青山就是金山银山”或“两山”理念肯定是普及度和接受度最高的。可以说，无论是在其正式诞生地浙江省安吉市余村，还是在繁华都市的观光休闲和高品质街区，抑或在祖国的西南边陲村寨、东北边疆小镇，“绿水青山就是金山银山”都是公共场所显示度和公众认同度最高的生态文明建设国家战略宣传和绿色文化推广语。这应归功于党和政府各级机构的政策推动与大力宣传。例如，生态环境部自2017年开始在全国评选“‘绿水青山就是金山银山’实践创新基地”。此外，也要重视“两山论”所蕴含或激发的国家生态文明建设战略与广大人民群众日益增长的优美生态环境需要之间的耦合效应。

*2. 实践推动层面*

在实践推动层面上，正如《决议》所强调的，改革开放以来，尤其是进入新时代以来，党中央以前所未有的力度抓生态文明建设，从思想、法律、体制、组织、作风上全面发力，不仅促成了我国生态环境保护发生历史性、转折性、全局性变化，也带来了党自身素质与全面领导能力的大幅度改善和提升，这突出体现在党的干部管理如考核、选拔、任用和制度改革方面。

2013年12月，作为落实党的十八大提出的加强生态文明制度建设战略部署与要求的重要举措，中共中央组织部印发了《关于改进地方党政领导班子和领导干部政绩考核工作的通知》。该通知规定，今后对地方党政领导班子和领导干部的各类考核考察，不能仅把该地区的国民生产总值和经济增长率作为政绩评价的主要指标，不能搞地区国民生产总值和经济增长率排名，中央有关部门不能单纯以此衡量各省（区、市）的发展成效，地方各级党委政府不能简单地以此评定下一级领导班子和领导干部的

① 张云飞. 习近平生态文明思想的标志性成果［J］. 湖湘论坛，2019，32（4）：5-14.

政绩和考核等次，并取消对限制开发区域和生态脆弱的国家扶贫开发工作重点县地区国民生产总值考核。依据这一通知，全国各省（区、市）的许多县（市、区、旗）都取消了以往统一的地区生产总值排名，而是根据国家和省（区、市）的主体功能区规划进行领导干部的分类考核和选拔使用。

2016 年 12 月，中共中央办公厅、国务院办公厅印发了《生态文明建设目标评价考核办法》。该办法规定，生态文明建设目标评价考核将采取评价和考核相结合的方式，实行年度评价、五年考核。其中，年度评价将按照“绿色发展指标体系”组织实施，主要评估各地区资源利用、环境治理、环境质量、生态保护、增长质量、绿色生活、公众满意程度等方面的变化趋势和动态进展；考核内容主要包括国民经济和社会发展规划纲要中确定的资源环境约束性指标，以及党中央、国务院部署的生态文明建设重大目标任务完成情况，突出公众的获得感。这一考核办法的核心是将“绿色发展指数”的评估方法引入生态文明建设的目标评价，并进一步应用于地方各级领导干部的政绩考核和选拔使用。

同样值得关注的是，信奉、践行和大力推进生态文明建设正在成为日益明确而严格的党纪规章要求。

党的十八大将生态文明建设理念和战略写入修改后的《中国共产党章程》（以下简称“党章”），明确提出“中国共产党领导人民建设社会主义生态文明”[①]，党的十九大进一步把“绿水青山就是金山银山”[②] 理念写入修改后的党章。在此基础上，党的二十大对党章做了如下两处相关修改：一是在阐述“贯彻创新、协调、绿色、开放、共享的新发展理念”时，明确增加了“发展理念”前面的“新”字；二是在阐述“弘扬和平、发展、公平、正义、民主、自由的全人类共同价值……推动建设持久和平、普遍安全、共同繁荣、开放包容、清洁美丽的世界”[③] 的外交政策目标时，增加了“清洁美丽的世界”。

如今，生态文明建设话语体系中的主要概念、术语和表述，比如“生态文明建设”“社会主义生态文明”“‘两山’理念”“美丽”“可持续发展战略”“人与自然和谐相处”，都已纳入党章的总纲之中。更为重要的是，自党的十八大以来，党内法规在党和国家治理体系中的地位已经有了显而易见的提升——强调要“把党的政治建设摆在首位”。而这意味着，生态文明建设理念与战略将会以更高的贯彻标准、更严格的党纪规章形式加以推进。

应该说，领导干部的生态文明素质、能力与担当是以习近平同志为核心的党中央高度重视、反复要求的。比如，习近平在“5·18 讲话”中强调：“地方各级党委和政府主要领导是本行政区域生态环境保护第一责任人，对本行

① 中国共产党章程［M］. 北京：人民出版社，2012：4+6.
② 中国共产党章程［M］. 北京：人民出版社，2017：14.
③ 中国共产党章程［M］. 北京：人民出版社，2022：9+17.

政区域的生态环境质量负总责”① （即党政同责），他还在2023年全国生态环境保护大会上再次强调，地方各级党委和政府要坚决扛起美丽中国建设的政治责任，抓紧研究制定地方党政领导干部生态环境保护责任制，建立覆盖全面、权责一致、奖惩分明、环环相扣的责任体系②。

总之，党的全面领导既是改革开放以来尤其是新时代中国特色社会主义生态文明建设的首要表征，也是这一先进理论与实践得以健康持续推进的“第一动力”③。因而，全党的生态文明建设理论知识水平与实践驾驭领导能力至关重要。从这层意义上看，各级党政领导班子和领导干部对习近平生态文明思想日益系统深入的理解、把握、践行和运用，是推动我国新时代生态文明建设不断迈上新台阶的前提保证和重要体现。

### （二）生态文明制度政策体系的初步建立与改革创新

生态文明制度与政策体系的构建是我国改革开放以来，特别是新时代十年生态文明建设的战略重点。可以说，从党的十八大到党的二十大都聚焦于“深化生态文明体制改革，尽快把生态文明制度的‘四梁八柱’建立起来，把生态文明建设纳入制度化、法治化轨道”④。从环境政治学的分析视角来说，这又明显地分为政治决策和政策落实两个方面。⑤

#### 1. 政治决策层面

在政治决策层面上，党的十八大报告不仅重点强调了建设生态文明的长远与现实重要性及其作为“五位一体”总体布局不可或缺要素的地位，明确阐述了大力推进生态文明建设的基本方针原则，尤其是作为一种新生态文明观对建设社会主义生态文明的重要意义，还具体论述了大力推进生态文明建设需要着力推动的四大战略部署及其总要求和重点领域，“加强生态文明制度建设”就是其中之一，并具体列举了将生态文明理念原则内在化的经济社会发展评价体系、生态文明建设目标评价与考核、生态环境保护治理、资源有偿使用和生态补偿、生态环境保护责任追究和环境损害赔偿等方面的制度。

从党的十八大到党的十九大这五年间又制定了三项重要的政策文件：一是2013年党的十八届三中全会通过的《中共中央关于全面深化改革若干重大问题的决定》。该决定的第51条“健全自然资源资产产权制度和用途管制制度”和第53条“实行资源有偿使用制度和生态补偿制度”，大致属于生态环境经济制度与政策的范畴，而第52条“划定生态保护红线”和第54条“改革生态环境保护管理体制”，大致属于生态环境行政监管制度与政策的范畴，但它们作为一个整体，都致力于“建立系统完整的生态

---

① 习近平. 论坚持人与自然和谐共生［M］. 北京：中央文献出版社，2022：21.

② 习近平在全国生态环境保护大会上强调：全面推进美丽中国建设、加快推进人与自然和谐共生的现代化［EB/OL］. http：//www.news.cn/2023-07/18/c_1129756336.htm.

③ 宫长瑞，祈悦. 论党对生态文明建设的全面领导［J］. 社科纵横，2020，35（8）：48-52.

④ 习近平. 论坚持人与自然和谐共生［M］. 北京：中央文献出版社，2022：157.

⑤ 郇庆治. 环境政治视角下的生态文明体制改革［J］. 探索，2015（3）：41-47；郇庆治. 环境政治学视角的生态文明体制改革与制度建设［J］. 中共云南省委党校学报，2014，15（1）：80-84.

文明制度体系”。二是2015年3月24日中央政治局审议通过的《关于加快推进生态文明建设的意见》。该意见分为九部分、共35条，具体包括总体要求、强化主体功能定位、推动技术创新和结构调整、全面促进资源节约循环高效利用加快利用方式根本转变、加大自然生态系统和环境保护力度切实改善生态环境质量、健全生态文明制度体系、加强生态文明建设统计监测和执法监督、加快形成推进生态文明建设的良好社会风尚、切实加强组织领导，而它的指导思想重点就是“健全生态文明制度体系”。三是2015年9月中共中央、国务院印发的《生态文明体制改革总体方案》。该方案明确阐述了包括健全自然资源资产产权制度、建立国土空间开发保护制度、建立空间规划体系、完善资源总量管理和全面节约制度、健全资源有偿使用和生态补偿制度、建立健全环境治理体系、健全环境治理和生态保护市场体系、完善生态文明绩效评价考核和责任追究制度等在内的“八大制度”，并要求将各部门自行开展的综合性生态文明试点统一为国家试点试验，其基本目的是加快建立系统完整的生态文明制度体系，增强生态文明体制改革的系统性、整体性、协同性。

党的十九大报告关于生态文明建设的阐述尤其值得关注，体现了一种大格局或结构性的变化，即将生态文明建设明确置于“新时代中国特色社会主义思想”这一宏大理论体系的架构之下。[①] 概言之，它不仅进一步强调了习近平生态文明思想对于我国生态文明理论与实践的指导和引领作用，首次提出了“社会主义生态文明观”这一新概念，还明确规定了以加快体制改革与制度创新来引领生态文明建设，而它关于新四大战略部署及其任务总要求——“推进绿色发展”“着力解决突出环境问题”“加大生态系统保护力度” “改革生态环境监管体制”——的论述，都包含着强烈而清晰的制度与政策革新意蕴，比如：绿色发展的经济、技术、能源与生活方式体系，政府为主导、企业为主体、社会组织和公众共同参与的环境治理体系，统一行使资源与行政管理职责的国有自然资源资产和生态环境管理制度，以国家公园为主体的自然保护地体系，等等。

从党的十九大到党的二十大这五年间又制定了三项重要的政策文件：一是习近平总书记2018年4月26日的《在深入推动长江经济带发展座谈会上的讲话》和2019年9月18日的《在黄河流域生态保护和高质量发展座谈会上的讲话》，构成了我国迄今为止最大的“流域生态文明建设推进战略”，意义重大而深远。它们既是习近平生态文明思想区域推进战略维度的最佳映现，也从整体上奠定了我国未来生态文明制度与政策体系的主体构架。目前，作为两大战略主要推进路径的《长江经济带发展规划纲要》（2016）、《黄河流域生态保护和高质量发展规划纲要》（2021）和《长江保护法》（2021）、《黄河保护法》（2023），都在稳步推进与贯彻落实。二是党的十九届四中全会通过的《中共中央关于坚持和完善中国特色社会主义制度、推

① 郇庆治. 以更高的理论自觉推进新时代生态文明建设［J］. 鄱阳湖学刊，2018（3）：5-12+2+129.

进国家治理体系和治理能力现代化若干重大问题的决定》（以下简称《决定》）。《决定》的第十部分从“实行最严格的生态环境保护制度”“全面建立资源高效利用制度”“健全生态保护和修复制度”“严明生态环境保护责任制度”四个方面，概述了我国生态文明制度体系现代化建设的整体目标要求。不仅如此，贯穿于《决定》的“根本制度、基本制度、重要制度”三维叙述线索，使得我们还可以从更宽阔的理论视野来构想中国特色社会主义生态文明的未来愿景与制度框架。① 三是党的十九届五中全会通过的《中共中央关于制定国民经济和社会发展第十四个五年规划和二〇三五年愿景目标的建议》。该建议提出的“十四五”规划目标涉及生态文明建设的内容包括：生态文明建设实现新进步，国土空间开发保护格局得到优化，生产生活方式绿色转型成效显著，能源资源配置更加合理、利用效率大幅提高，单位国内生产总值能源消耗和二氧化碳排放分别降低13.5%、18%，主要污染物排放总量持续减少，森林覆盖率提高到24.1%，生态环境持续改善，生态安全屏障更加牢固，城乡人居环境明显改善。

党的二十大报告的第十部分“推动绿色发展，促进人与自然和谐共生”，系统阐述了全面贯彻习近平生态文明思想、统筹推进人与自然和谐共生的中国式现代化的世界观和方法论、行动原则、战略部署和总要求。② 十分明显的是，实现“加快发展方式绿色转型”“深入推进环境污染防治”“提升生态系统多样性、稳定性、持续性”“积极稳妥推进碳达峰碳中和”新四大战略部署的重要方面和前提性条件，是必须“完善生态文明领域统筹协调机制，构建生态文明体系”③。

可以看出，改革开放以来尤其是新时代十年是我国生态文明制度与政策建设成果极其丰硕的时期。基于此，党的二十大报告把“生态文明制度体系更加健全”作为生态文明建设领域取得历史性成就、发生历史性变革的突出实例，而习近平总书记在2023年全国生态环境保护大会上也强调，新时代生态文明建设从理论到实践都发生了历史性、转折性、全局性变化，美丽中国建设迈出重大步伐。

2. 政策落实层面

在政策落实层面上，也许更值得关注的是上述制度与政策文件（倡议）如何在现实中执行、落实，进而得以不断改进和完善。在笔者看来，以下五个尤为活跃的议题或领域最能够代表我国生态文明制度建设实践的丰富性、多样性与复杂性，同时也集中展现了中国特色社会主义生态文明建设的不断改革精神与创新力度。

（1）国家生态文明试验（示范、先行）区。

生态文明建设地方（行业）性试点的政策倡议，最早是由中央政府相关部委提出并组织实施的。环境保护部（现生态环境部）自1995年起主导开展了从“生态示范区”到“生态文明建设试点示范区”的政策推动尝试；国家发

① 郇庆治. 论习近平生态文明思想的制度维度［J］. 行政论坛，2023，30（4）：5-14.

② 郇庆治. 以更高理论自觉推进全面建设人与自然和谐共生现代化国家［J］. 中州学刊，2023（1）：5-11.

③ 中共中央关于制定国民经济和社会发展第十四个五年规划和二〇三五年愿景目标的建议［M］. 北京：人民出版社，2020：27.

展和改革委员会自2005年起主导开展了“循环经济试点”的尝试，自2010年起主导开展了“低碳省区和低碳城市试点”的尝试，自2014年起主导开展了“生态文明先行示范区”的尝试；水利部自2013年起主导开展了“全国水生态文明建设试点”的尝试，等等。2014年3月，《国务院关于支持福建省深入实施生态省战略加快生态文明先行示范区建设的若干意见》正式下发。随后，江西、贵州、云南和青海四省成为国家发展和改革委员会等七部委主导的国家第一批生态文明先行示范省。2016年8月，依据《生态文明体制改革总体方案》，中共中央办公厅、国务院办公厅印发了《关于设立统一规范的国家生态文明试验区的意见》，福建、江西和贵州被纳入首批国家生态文明试验区，致力于探索形成可在全国复制推广的成功经验。随后，中共中央办公厅、国务院办公厅还先后印发了《国家生态文明试验区实施方案》（福建、江西、贵州、海南）四个文件。

党的十九大以来，除了继续推进的福建、江西、贵州、海南四省的国家生态文明试验区建设，生态环境部于2017~2022年分六批授予国家“生态文明建设示范县市”共计468个、“‘绿水青山就是金山银山’实践创新基地”共计188个。2002年底，浙江提出了生态省建设战略；2003年，创建生态省成为浙江“八八战略”的重要组成部分；2020年5月，浙江通过了由生态环境部组织的国家生态省建设试点验收，成为中国首个生态省。

（2）国家公园体制。

国家公园是世界各国普遍采取的自然保护地制度类型。我国的国家公园创建尝试始于21世纪初，党的十八届三中全会通过的《中共中央关于全面深化改革若干重大问题的决定》正式提出我国将建立国家公园体制，并启动了建立国家公园体制的试点工作，选择三江源国家公园、东北虎豹国家公园、大熊猫国家公园等十处作为国家公园体制试点；2015年，中共中央、国务院印发的《生态文明体制改革总体方案》明确规定了建立国家公园体制的目标任务；2017年9月，中共中央办公厅、国务院办公厅印发了《建立国家公园体制总体方案》。

2017年，党的十九大报告进一步强调要建立以国家公园为主体的自然保护地体系；2019年6月，中共中央办公厅、国务院办公厅印发的《关于建立以国家公园为主体的自然保护地体系的指导意见》，详细阐述了我国自然保护地体系建设的理念原则、目标任务和实施步骤；2021年10月，在昆明召开的《生物多样性公约》第十五次缔约方大会领导人峰会上，习近平主席在重申我国将致力于构建以国家公园为主体的自然保护地体系目标的同时，宣布三江源国家公园、大熊猫国家公园、东北虎豹国家公园、海南热带雨林国家公园、武夷山国家公园第一批五家国家公园正式设立。2022年，党的二十大报告再次强调要推进以国家公园为主体的自然保护地体系建设。

如今，我国已初步建立起了以国家公园为主体的自然地保护体系，可谓成绩卓著。但也必须看到，设置国家公园的本心是为了更好地保护这些自然地理上极具代表性的特殊生态区域，因此其体制建设和完善所涉及的不仅是一般意义上的生态环境保护治理，还关系到生态文明制度体系的整体性改革或形塑，而这一层面依然面临着诸多难题与挑战——比如建立成熟完善的国家公园法律体系、厘清不同维度下的行政监管职责和自然资源权属、抑缓相关各方的利益冲突与纠葛[①]。因此，设立符合人与自然和谐共生理想、生态文明未来愿景的中国特色国家公园体制，还有一段漫长而艰辛的探索过程。

（3）河（湖）长制。

河（湖）长制是我国水生态环境保护治理或生态文明建设过程中逐渐形成与不断完善的监管协调体制。2003年10月，浙江湖州市长兴县率先创立了河长制。2007年春夏之际，太湖地区蓝藻大面积暴发，江苏无锡市引入并进一步扩展了河长制，由党政主要领导分别担任辖区内64条河流的河长。2008年9月，无锡市委、市政府联合下发了《关于全面建立“河（湖、库、荡、氿）长制”、全面加强河（湖、库、荡、氿）综合整治和管理的决定》。2016年10月，中央全面深化改革领导小组第二十八次会议审议通过了《关于全面推行河长制的意见》；2017年11月，十九届中央全面深化改革领导小组第一次会议又审议通过了《关于在湖泊实施湖长制的指导意见》。这两个文件明确要求在我国全面建立实施河（湖）长制。到2018年6月，全国31个省（自治区、直辖市）全面建立了河长制，共确定省、市、县、乡四级河长30多万名，以及由29个省份设立的村级河长76万多名，从而构建起了覆盖全国的既具有大致相同的组织构架，又各具运行特色的河（湖）长制体系。

创建河（湖）长制的直接缘由或初衷是改善水污染、水资源和水环境管理工作的无序或低效，并寄希望于一个更高级别领导或更权威部门来统一协调，大多数情况下交由一个省、市、县、乡四级副职领导负责的“河（湖）长”办公室——尽管通常来说各级党政正职领导也会担任总河（湖）长或某一河（湖）长。事实证明，这一机制在紧急情形下是颇为有效的，因为它可以通过集中而迅速地调动资源来实现应急处置，在常态下还可以发挥某些行政管理协调与大众动员的功能。但这一机制的过于制度化或泛化使用，也会造成新的形式主义问题或低效沉疴，[②] 需要给予更多关注。

（4）生态产品价值实现机制。

生态产品价值实现体制机制，既是落实“绿水青山就是金山银山”重要理念的实践路径，也是生态（环境）经济学视域下对生态环境保护治理或生态文明建设议题所作出的理论与政策回应，即通过促进经济生态化和生态经济化来实现绿色高质量发展的直接目标和生产发展、生活富裕、生态良好的整体目标，尤其是大力发展绿色产业、建立完善生态产品价值实现机制、改革完善绿色生产和消费政策、积极推动绿色金融发展。此前的各类生态（文明）示范（先行）区和福建、江西、贵州、海南等

---

① 夏诗琪，刘中梅．我国国家公园体制建设存在的问题与对策［J］．科学发展，2023（1）：92-97．

② 颜海娜，曾栋．河长制水环境治理创新的困境与反思——基于协同治理的视角［J］．北京行政学院学报，2019（2）：7-17；于红，杨林，郑潇．河长制能实现从“以邻为壑”到“守望相助”的协同治理吗？——来自七大流域准自然实验的检验［J］．软科学，2022，36（6）：40-47．

国家生态文明试验区是这方面制度探索的先行者。

2014年4月，国务院发布的《关于支持福建省深入实施生态省战略、加快生态文明先行示范区建设的若干意见》，就包含了福建应成为“生态文明制度创新试验区”的战略目标要求；2016年8月，中共中央办公厅、国务院办公厅印发的《国家生态文明试验区（福建）实施方案》则明确提出，福建省要致力于成为“生态产品价值实现的先行区”。具体而言，福建要“积极推动建立自然资源资产产权制度，推行生态产品市场化改革，建立完善多元化的生态保护补偿制度，加快构建更多体现生态产品价值、运用经济杠杆进行环境治理和生产保护的制度体系”。可以说，这也是对其他国家生态文明试验区的共同要求。比如，2017年10月印发的《国家生态文明试验区（江西）实施方案》也明确提出，江西应成为“中部地区绿色崛起先行区”“生态扶贫共享发展示范区”。依据这些目标要求，福建、江西、贵州和海南开展了涉及多个政策领域和层面的全面推动开展生态产品价值实现路径机制方面的实践探索，并凝练出一系列可复制、可推广的制度创新成果。

2021年2月，中央全面深化改革委员会第十八次会议审议通过了《关于建立健全生态产品价值实现机制的意见》。依据该意见所提出的新目标要求，尤其是到2025年“生态产品价值实现的制度框架初步形成”、2035年“完善的生态产品价值实现机制全面建立”，2022年3月4日，福建省发展和改革委员会发布《关于印发建立健全生态产品价值实现机制的实施方案的通知》，明确提出了福建面向2025年和2035年的阶段性目标，即“打造全国生态产品价值实现机制先行示范区”和“形成可复制可推广的生态产品价值实现‘福建模式’”。江西省则着力于推进自然资源资产统一确权登记和产权制度改革，建立生态产品价值核算体系，健全生态资产与生态产品市场交易体制机制，推动自然资源资产有偿使用，积极推进国家综合补偿试点省建设，推广“两山银行”“湿地银行”模式等。

应该说，生态产品价值实现机制探索是我国生态文明制度与政策创新实践中最丰富多彩的议题领域，并在相当程度上形塑了我国生态文明建设的生态经济化或绿色发展特点与表征。而在众多富有地域特色的探索性案例中，值得特别提及的是以福建省南平市等为代表的“生态银行”和以浙江省丽水市等为代表的“生态系统生产总值（GEP）核算”。前者致力于将分散化的自然生态资源进行基于统一机构（公司）平台的资产化管理与运营，而后者则致力于量化统计或彰显自然生态系统服务对于人类生活福祉的维持与改善功用，客观上都在促动现代经济发展的生态化转型与重构。当然，这种探索能否以及在何种意义上会导向一种真实的生态文明经济①，还需要更长的时间来观察和检验。

（5）中央生态环境保护督察机制。

中央生态环境保护督察是以习近平同志为

① 海明月，郇庆治. 马克思主义生态学视域下的生态产品及其价值实现［J］. 马克思主义与现实，2022（3）：119-127.

核心的党中央精心谋划、统一部署、系统推动的重大体制创新和改革举措。2015 年 7 月，《环境保护督察方案（试行）》经中央全面深化改革领导小组第十四次会议审议通过。该方案强调，建立环保督察工作机制是建设生态文明的重要抓手，对于严格落实环境保护主体责任、完善领导干部目标责任考核制度、追究领导责任和监管责任都具有重要意义。2016 年 1 月，中央环保督察在河北省开展试点工作。2016 年 7 月和 11 月、2017 年 4 月和 8 月先后分四批开展督察巡视，并实现了对全国 31 个省份的全覆盖。

党的十九大之后，中央生态环境保护督察机制进一步走向制度化、常态化。习近平总书记在“5·18 讲话”中，对该机制实施的成效给予高度肯定；2019 年 6 月，中共中央办公厅、国务院办公厅印发了《中央生态环境保护督察工作规定》，对其目标任务、组织架构、工作方式等都作出更明确的规定；党的十九届四中全会通过的《中共中央关于坚持和完善中国特色社会主义制度　推进国家治理体系和治理能力现代化若干重大问题的决定》和党的十九届五中全会通过的《中共中央关于制定国民经济和社会发展第十四个五年规划和二〇三五年远景目标的建议》，都明确提到“落实（完善）中央生态环境保护督察制度”，而党的十九届六中全会通过的《中共中央关于党的百年奋斗重大成就和历史经验的决议》也提到了中央生态环境保护督察所取得的突出成果。从 2019 年 7 月到 2021 年 12 月，第二轮中央生态环境保护督察先后分五批对全国 26 个省市自治区和六家中央企业、两个国家机关单位等进行了督察巡视，并取得了显著效果。

党的二十大报告对这一机制再次作出肯定与强调，要求深入推进中央生态环境保护督察制度，而在 2023 年 7 月全国生态环境保护大会上的讲话中，习近平也再次明确，要继续发挥中央生态环境保护督察的利剑作用。因而，“中央生态环境保护督察”明显不同于之前曾由国务院主持或组织的临时性环保督察巡视，而是在相当程度上成为一种高度体制化和常态化的特定工作机制安排，致力于“推动被督察对象切实扛起美丽中国建设重大政治责任”①。

**（三）生态环境保护治理现代化的显著成效**

无论是党的理论知识水平和实践引领能力上的不断提高，还是生态文明制度与政策体系的建立完善，都需要也终将会体现在城乡生态环境质量的逐步改善和国家生态环境治理体系与治理能力现代化水平的不断提升之上。事实也是如此，新时代十年来，我国生态环境保护治理和绿色高质量发展的主要指标都有了显著的进步。②

其一，生态环境质量改善成效显著。2021 年，在生态环境保护治理方面，全国地级及以上城市细颗粒物（PM2.5）平均浓度比 2015 年下降 34.8%，优良天数比例上升 6.3 个百分点；全国地表水Ⅰ～Ⅲ类断面比例上升至 84.9%，劣Ⅴ类水体比例下降至 1.2%，长江干流全线连续两年达到Ⅱ类水体，黄河干流全线达到Ⅲ类

① 孙金龙，黄润秋. 坚决扛起中央生态环境保护督察政治责任［N］. 人民日报，2022-08-04（11）.

② 孙金龙. 促进人与自然和谐共生［N］. 人民日报，2023-01-10（9）.

水体；全国土壤环境风险得到有效管控，约1/3的行政村深入实施农村环境整治；全面禁止“洋垃圾”入境，实现固体废物“零进口”目标。在自然生态保护治理方面，大力实施山水林田湖草沙一体化保护修复，森林覆盖率达到24.02%；建成首批五个国家公园，首个国家植物园、种子库；自然保护地面积占陆域国土面积18%，300多种珍稀濒危野生动植物野外种群数量稳中有升。

其二，绿色低碳发展迈出坚实步伐。2012~2021年，我国以年均3%的能源消费增速支撑了年均6.6%的经济增长，能耗强度累计下降26.4%，相当于少用标准煤约14亿吨，少排放二氧化碳近30亿吨，是全球能耗强度降低最快的国家之一；过去十年中，我国二氧化碳排放强度下降了34.4%。2021年，我国煤炭消费量占能源消费总量的比重比2012年下降12.5个百分点，清洁能源消费占比提升到25.5%，可再生能源装机规模突破11亿千瓦，水电、风电、太阳能发电、生物质发电装机和新能源汽车产销量均居世界第一，并建立了全球规模最大的碳市场。

其三，全球环境治理贡献日益凸显。近年来，我国推动应对气候变化《巴黎协定》的达成、签署、生效和实施，宣布碳达峰碳中和的目标愿景，充分展现了负责任大国的使命担当；成功举办《生物多样性公约》第十五次缔约方大会（COP15）会议，第一阶段会议后发布《昆明宣言》并提出设立昆明生物多样性基金，开启了全球生物多样性治理新篇章；倡导建立“一带一路”绿色发展国际联盟和“一带一路”生态环保大数据服务平台，积极开展“南南合作”，帮助发展中国家提高环境治理水平。我国生态文明建设成就得到国际社会的广泛肯定，成为全球生态文明建设的重要参与者、贡献者、引领者。

## 三、改革开放以来我国生态文明建设的基本经验

上述三个方面的重要进展，集中展现了我国改革开放尤其是新时代十年以来生态文明建设理论与实践所取得的历史性成就、所带来的历史性变化。在此基础上，我们还可以进一步总结出这些成就和变化之所以能够实现的基本经验，这将有助于继续推进新时代生态文明建设，全面建成人与自然和谐共生的中国式现代化。

**（一）坚持和完善中国共产党对生态文明建设的全面领导**

党的十八大以来，以习近平同志为核心的党中央高度重视资源环境约束趋紧、生态系统退化等问题，将生态文明建设提升为关乎中华民族永续发展的根本大计或“五位一体”总体布局之一的重大国家战略，反复强调生态文明建设是关系党的使命宗旨的重大政治问题，是关系民生福祉的重大社会问题。对此，习近平总书记曾做了“五个一”的概括，即“五位一体”总体布局中的其中一位、新时代坚持和发展中国特色社会主义基本方略中的其中一条、新发展理念中的其中一项、“三大攻坚战”中的其中一战、社会主义现代化强国目标中的其中一个。

新时代以来，党中央以前所未有的力度抓

生态文明建设，从思想、法律、体制、组织、作风等多方面全面发力，开展了一系列根本性、开创性、长远性工作。从国家生态文明建设整体目标和制度体系框架的顶层设计，到某一个政策议题领域的体制改革（构建）总体规划和实施方案，再到重大制度与政策改革（构建）举措的贯彻实施，都体现着党中央的统一谋划、部署与推动。可以说，从国家主体功能区战略的组织实施到以国家公园为主体的自然保护地体系的创建，从打赢打好污染防治攻坚战、开展中央生态环保督察到积极参与全球环境和气候治理，都是围绕着党的十八大报告所作出的“大力推进生态文明建设”、党的十九大报告所作出的“加快生态文明体制改革，建设美丽中国”的整体战略构设而逐次展开、有序推进的。

与此同时，改革开放45年尤其是新时代十年以来也是中国共产党作为马克思主义执政党的“绿色成长史”。在生态文明建设领域，党不仅展现了强劲的政治领导力、思想引领力、群众组织力和社会号召力，也展示了强大的自我学习与提升能力。这既是确保其履行“领导人民建设社会主义生态文明”政治承诺的内在保证，也将使之成为一个不断绿化、更加伟大的社会主义政党。

**（二）持续推进习近平生态文明思想与新时代生态文明建设实践的结合创新**

毋庸置疑，习近平生态文明思想是马克思主义生态理论同中国特色社会主义生态文明建设实践相结合、同中华优秀传统生态文化相结合的重要理论成果，是新时代中国特色社会主义思想的有机组成部分。[①] 这一思想之所以会产生，归根结底是由于中国特色社会主义进入新时代后所展现的社会主要矛盾变化或社会实践需要。也正是在这种意义上，习近平生态文明思想同时是“两个结合”的理论成果和创新典范，对中国为什么建设生态文明、建设什么样的生态文明和怎样建设生态文明的重大理论与实践问题作了系统而深刻的回答。

改革开放特别是新时代十年以来波澜壮阔的变革清晰地表明，这种结合并不是一蹴而就的孤立事件，而是一个持续推进的动态过程。从保护环境基本国策的确立到实施可持续发展战略、建设“两型”社会，从党的十八大报告的初步阐述到党的十九大报告的系统阐述，再到“5·18讲话”的体系化确立，直至在2023年全国生态环境保护大会上的进一步阐发，习近平生态文明思想是一种与时俱进、与实践同行的鲜活理论，并将随着新时代生态文明建设的持续推进而不断创新完备。所以，党的二十大报告才着重强调：“实践没有止境，理论创新也没有止境。不断谱写马克思主义中国化时代化新篇章，是当代中国共产党人的庄严历史责任。”[②] 因此，学习贯彻习近平生态文明思想，最重要的是把握好它的世界观方法论，坚持好、运用好贯穿其中的立场观点方法，不断拓展生态文明认知的广度和深度，以新的理论指导新的实践。

① 习近平. 论坚持人与自然和谐共生［M］. 北京：中央文献版社，2022：1-2.

② 习近平. 高举中国特色社会主义伟大旗帜　为全面建设社会主义现代化国家而团结奋斗——在中国共产党第二十次全国代表大会上的报告［M］. 北京：人民出版社，2022：18.

**（三）相信并发挥最广大人民群众的伟大创造力量**

生态文明建设中人民群众的主人翁精神、责任感和主体意识，既是马克思主义世界观方法论的基本要求，也是中国特色社会主义生态文明建设的首要体现。正如习近平同志强调指出的，加强生态文明建设是人民群众追求高品质生活的共识和呼声，而美丽中国建设离不开每一个人的努力。[①] 换言之，推进生态文明建设是中国共产党及其领导的社会主义国家“以人民为中心”发展思想在公共政策领域的标志性体现，也是中国特色社会主义不断走向成熟完善的重要表征。

改革开放尤其是新时代十年以来的生态文明建设，是广大人民群众同时作为受益主体、参与主体和民主主体的生动验证。尤其是生态文明经济建设中的多主体多形式参与，比如，基层的社村干部和个体生态创业者[②]，成为社会整体绿色变革和转型的最为活跃的、可持续的推动性力量，这种经济基础层面上的绿化终将会外溢到社会制度和意识形态领域。

① 习近平. 论坚持人与自然和谐共生［M］. 北京：中央文献版社，2022：272-273.

② 郇庆治. 生态文明建设中的绿色行动主体［J］. 南京林业大学学报（人文社会科学版），2022（3）：1-6.

# 生态文明示范创建典型模式分析*

□ 刘青松
（中国生态文明研究与促进会，北京，100035）

第十四届全国人民代表大会常务委员会第三次会议表决通过决定，将8月15日设立为全国生态日。以此为契机，开展各种形式的生态文明宣传教育活动，可以更好地学习宣传贯彻习近平生态文明思想，深化习近平生态文明思想的大众化传播，增强全民生态环境保护的思想自觉和行动自觉，以钉钉子精神推动生态文明建设不断取得新成效。

绿水青山既是自然财富、生态财富，又是社会财富、经济财富，全国生态日将更好唤起我们建设美丽中国的成就感、自豪感、责任感、使命感。在为中华民族永续发展提供文化支撑和理论滋养的同时，为共建地球生命共同体、推动人类可持续发展提供中国方案。

## 一、全国生态文明示范创建的形势

党的二十大报告指出："必须牢固树立和践行绿水青山就是金山银山的理念，站在人与自然和谐共生的高度谋划发展。"更深入阐释了中国式现代化的特征，这是我国建设人与自然和谐共生的现代化的根本遵循和行动指南，是对习近平生态文明思想的丰富和发展。中国式现代化是人与自然和谐共生的现代化；促进人与自然和谐共生，是中国式现代化的本质要求；尊重自然、顺应自然、保护自然，是全面建设社会主义现代化国家的内在要求。持续推进国家生态文明建设示范市县、"两山"实践创新基地建设，在全国范围内打造一批示范样板，探索和推广可复制的生态文明建设新模式，为全国生态文明建设提供借鉴。

---

* 作者简介：刘青松，中国生态文明研究促进会研究员。
本文为作者在第二届"绿水青山就是金山银山"理念湖州论坛暨国际研讨会上的主旨发言。

我国生态示范创建走过这样一个历程。1995年，原国家环保局启动了生态示范区工作，推动落实国家可持续发展战略。1997年，原国家环保总局下发《关于开展创建国家环境保护模范城市活动的通知》，决定在全国各城市开展创建国家环境保护模范城市活动。"国家环境保护模范城市"是指经济快速发展、环境清洁优美、生态良性循环的示范城市，是遵循和实施可持续发展战略并取得成效的典型，是我国城市21世纪初期发展的方向和奋斗目标，是我国环境保护的最高荣誉。"国家环境保护模范城市"称号有效期为5年，不搞终身制，每3年一复查。截至2017年10月1日全国一共有92个城市获得了"国家环境保护模范城市"称号。同时，自2000年起我国构建了包含生态省、生态市、生态县、生态乡镇、生态村、生态工业园区6个层级的"生态建设示范区"系列推进体系。2008年，我国启动第一批全国生态文明建设试点工作。2013年，经中央批准，同意将"生态建设示范区"更名为"生态文明建设示范区"，生态文明示范创建工作进入新的历史阶段，其发展历程如图1所示。2017年，命名表彰了第一批国家生态文明建设示范区和"两山"实践创新基地（以下简称"两山基地"）。

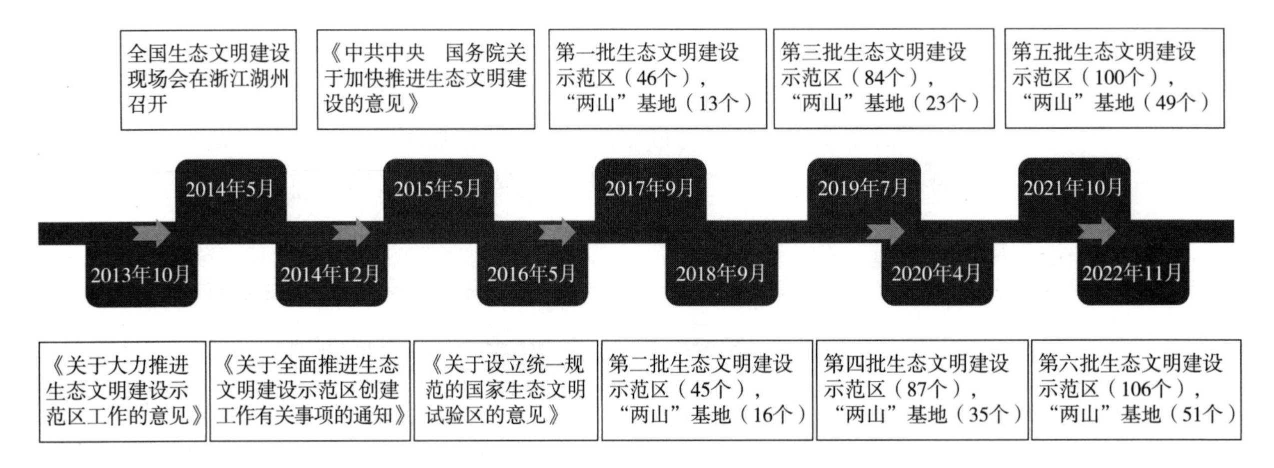


**图1 我国生态文明建设示范区创建工作发展历程**

生态文明建设示范区从生态制度、生态经济、生态空间、生态安全、生态生活、生态文化等方面，统筹推进"五位一体"总体布局，鼓励和推动各地区积极探索生态文明建设的不同路径和形态。"两山"基地立足于打造更多"两山"实践样本，推动地方走生态优先、绿色发展之路，实现生态惠民富民。"两山"基地作为探索"两山"理念实践路径典型做法和经验的重要载体。2016年，生态环境部（原环境保护部）将浙江省安吉县列为"绿水青山就是金山银山"理论实践试点，深入进行"两山"理念实践。截至2022年，生态环境部先后分六批在全国范围内命名了468个生态文明建设示范区，探索形成了一批可借鉴、可复制、可推广、可示范引领全国生态文明建设的路径模式、宝贵经验和典型案例；命名了187个"两山"基地，为全国"两山"实践提供了更加形式多样、更为鲜活生动、更有针对价值的参考和借鉴。

全国生态文明建设示范区及“两山”基地各省区市进展情况如图2所示。生态文明建设示范区排在前6位的是浙江、福建、四川、江苏、湖北、山东；“两山”基地排在前6位的是浙江、山东、陕西、江苏、安徽、江西。考虑到各地的经济发展和自然禀赋的不同，示范区的创建会综合考虑到中西部的平衡，国家生态文明建设示范区及“两山”基地建设东中西部对比情况如图3所示。

## 二、全国生态文明示范创建的典型模式

全国生态文明示范创建的典型模式可以总结归纳为五种：以体制机制创新为核心的制度引领型；以绿色发展为核心的绿色驱动型；以守护绿水青山为核心的生态友好型；以提升生态资产为核心的生态惠益型；以特色文化为基础的文化延伸型。

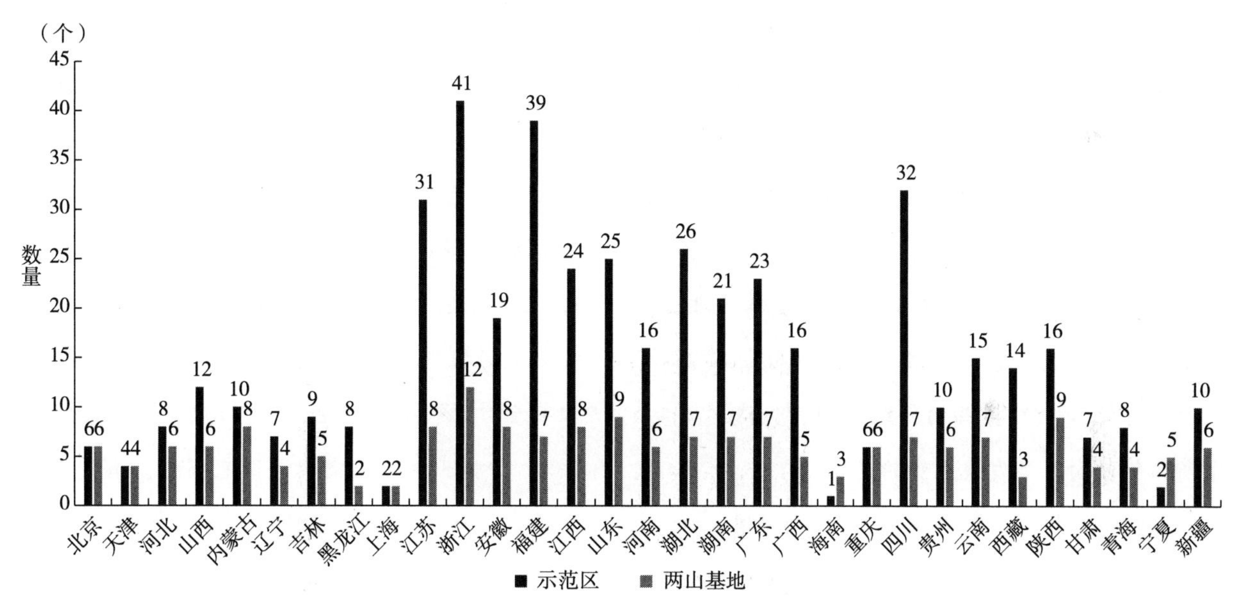


**图2　生态文明建设示范区及“两山”基地各省区市进展情况**

资料来源：笔者自行整理。

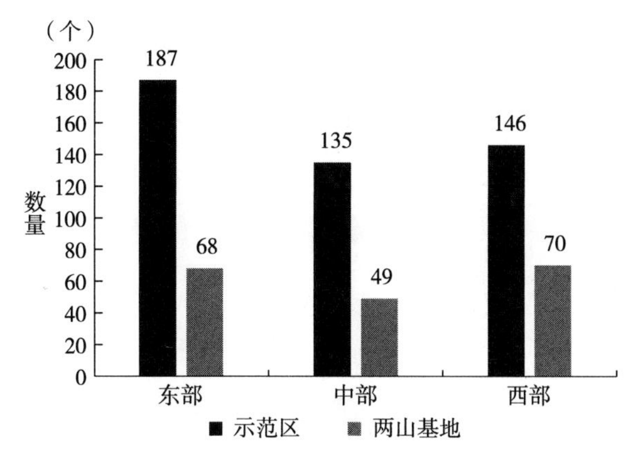


**图3　国家生态文明建设示范区及“两山”基地建设东中西部对比情况**

资料来源：笔者自行整理。

1. 以体制机制创新为核心的制度引领型

注重发挥体制机制的引领作用，通过构建完善生态文明综合决策机制，建立健全配套制度建设体系，创新环境经济政策手段等，统筹引领推进生态文明建设。

**案例1**：浙江省丽水市：示范引领全国生态产品价值实现路径

丽水市围绕“两山”理念，有效强化生态制度供给、丰富生态产品体系、拓展生态服务渠道，在全国率先探索构建生态产品价值实现机制，推动形成多条示范引领全国的生态产品

价值实现路径。目前，丽水生态产品价值核算体系初步形成，构建了市县乡村四级 GEP 核算体系，发布了《生态产品价值核算指南》市级地方标准，成果纳入省《县域生态系统生产总值核算技术规范》地方标准。此外，生态产品市场交易、政府购买生态产品也取得了新突破。

**案例 2**：福建省南平市：首创“生态银行”模式

南平市在全国首创“生态银行”模式，借鉴商业银行“分散化输入、整体化输出”的模式，构建“森林生态银行”这一自然资源管理、开发和运营的平台，对碎片化的森林资源进行集中收储和整合优化，转换成连片优质的“资产包”，引入社会资本和专业运营商具体管理，打通了资源变资产、资产变资本的通道，提高了资源价值和生态产品的供给能力，促进了生态产品价值向经济发展优势的转化。

**案例 3**：安徽省旌德县/福建省武平县：率先推进林权收储担保融资试点/率先探索开展集体林权制度改革

旌德县在全国率先推进林权收储担保融资试点，创新实施“林农增收五法”，实现“不砍树能致富”。全国林改第一县武平县在全国率先探索开展集体林权制度改革，率先开展林权直接抵押贷款，盘活林农资产，率先探索重点生态区位商品林赎买机制，让原本待砍伐商品林变身“绿色不动产”，率先探索兴“林”扶贫机制，其“三率先”“青山变金山”成功经验为全国林改探路子树典型作示范。

2. 以绿色发展为核心的绿色驱动型

重在构建以产业生态化和生态产业化为主体的生态经济体系，实现产业绿色、循环、低碳发展。

**案例 1**：浙江省仙居县：“观念绿色化、机制绿色化、生产绿色化、生活绿色化、治理绿色化”的“五绿方式”改革

从发展观念和思维上进行创新，立足自身发展实际与特色资源，把绿色发展作为实现县域发展的突破口与着力点，带来发展模式和生产方式的创新。通过“观念绿色化、机制绿色化、生产绿色化、生活绿色化、治理绿色化”的“五绿方式”，逐步向“生产发展、生活富庶、生态良好、生命健康、生机活力”的“五生目标”迈进。

**案例 2**：苏州市吴中区：推行环太湖绿色发展“加减法”模式

大力推行环太湖绿色发展“加减法”模式，以建设“减法”换生态“加法”、效益“加法”，将腾出的建设空间和用地指标，有偿调剂给区内重点开发的国家级开发区、省级高新区、经济发达镇，解决了环湖板块财力薄弱、经济板块空间紧缺、合理配置地价级差三大问题，有效推动了紧缺土地资源在区域内的统筹集约高效配置，科学推动生态优势向农文体旅融合、生态工业发展、现代服务业集聚转化。

**案例 3**：内蒙古自治区阿尔山市：探索“山水变金银”产业融合发展

阿尔山市提出了“天字号工程是棚户区改造”“天字号产业是旅游业”“天字号任务是生态保护”三个天字号目标。深入践行“绿水青山就金山银山”“冰天雪地也是金山银山”理念，大力实施环保型工业、特色农牧业和现代服务业，并以白狼镇为典型，探索了“生态工

业+特色农牧业+旅游”的一二三产业融合发展路径；以天池镇为典型，探索了“全域+全季+全员”的“政府+企业+农户”全链条旅游联结发展路径，实现了绿色资本转化模式。

**案例4**：山东省威海市华夏城、江苏省徐州市贾汪区：“灰色”到“绿色”的蝶变

威海市将生态修复、产业发展与生态产品价值实现“一体规划、一体实施、一体见效”，优化调整修复区域国土空间规划，持续开展矿坑生态修复和后续产业建设，把矿坑废墟转变为生态良好的5A级华夏城景区，实现生态、经济、社会等综合效益。

徐州市贾汪区潘安湖采煤塌陷区以“矿地融合”理念，推进采煤塌陷区生态修复，建成湖阔景美的国家湿地公园，为徐州市及周边区域提供了优质的生态产品，带动了区域产业转型升级与乡村振兴，维护了土地所有者权益，显化了生态产品的价值。

3. 以守护绿水青山为核心的生态友好型

以改善生态环境质量为核心，重点打造以生态环境良性循环和环境风险有效防控为重点的生态安全体系。

**案例1**：浙江省德清县：探索“九法治水”和河湖“精细化”管护模式

德清县探索出“九法治水”举措和河湖“精细化”管护模式。围绕“河里有鱼、河道可游、河水可喝”的目标，通过工业污染全面治、矿山污染重点治、农业面源污染彻底治、城乡污水综合治、河道污染系统治、饮用水源严格治、河长领衔治、部门联动治、社会共同治九种措施，集中力量打赢“清水治污”攻坚战，全力推进水环境综合治理，启动“河湖健康体检”和公众护水平台，制定“一河一策”提升河长履职实效，截至2019年5月，连续5年获“五水共治”优秀县“大禹鼎”。

**案例2**：福建省永春县：探索创建“全域生态综合体”建设模式

永春县改变过去局部生态治理的理念，坚持树立全域系统思维，探索创建“全域生态综合体”建设模式，全力打好“流域综合治理、最美县城创建，美丽乡村建设和全城植绿”四套组合拳，不断增强生态系统功能，为全国生态文明建设福建方案提供了永春样本。成功打造了“有一种生活叫永春”的城市品牌，“全域生态综合体”建设模式被纳入国家生态文明试验区改革成果并复制推广。

**案例3**：福建省长汀县：探索出适宜南方水土流失治理的新模式

长汀县曾是我国南方红壤区水土流失最为严重的县份之一，水土流失面积占国土面积的近1/3。长汀人民大力弘扬革命老区光荣传统和“滴水穿石、人一我十”的精神，实现从荒山到绿水青山的转变，昔日“火焰山”变成了如今绿满山、果飘香的“花果山”，全县水土流失面积由1985年的146.2万亩减少到2018年底的36.9万亩，水土流失率从31.5%降为7.95%，探索出一条适宜南方水土流失治理的新模式。

**案例4**：安徽省绩溪县：建立县、乡、村、组四级河长制

绩溪县以治水为突破口，在安徽省率先推行“民间河长制”“河道警长制”。创新河湖长联动工作机制，开展“行政河长”“民间河长”

“河道警长”“技防河长”“四长”共治，构建县—乡、乡—村、村—组的网格式责任体系，全县所有河道（含沟渠）全面覆盖。如今，“民间河长”有165名，设置河道警长106名，县境内大到一条河、小到山里的一条溪都有人“贴心看护”，创建了扬之河城北入口段、登源河龙川段、翚溪水库3处河长制示范点，实现了“水清、河畅、鱼跃、岸绿、景美”。

**案例5**：云南省洱源县：推进洱海保护治理“七大行动”

洱源县全面贯彻落实习近平总书记“一定要把洱海保护好”的重要指示精神，牢固树立“洱源净、洱海清、大理兴”的理念，全力推进洱海保护治理“七大行动”：以洱海流域“两违”整治行动、村镇“两污”治理行动、面源污染减量行动、节水治水生态修复行动、截污治污工程提速行动、流域综合执法监管行动及全民保护洱海行动，打响洱海保护治理与流域转型发展“八大攻坚战”，走出了一条“生态优先、绿色发展”具有洱源特色的生态文明建设和绿色发展之路。

4. 以提升生态资产为核心的生态惠益型

主要依托特色生态资源，推动生态利民、生态为民，开发生态产品，推动多样化实现生态产品价值。

**案例1**：山东省长岛县、浙江省玉环市：海洋特色生态养殖打造“两山”理念海岛模式

长岛县围绕海洋特色养殖和海洋牧场，形成了企业大网箱带动群众小网箱、接力养殖、共同致富的产业链条，打造践行“两山”理念的海岛模式，于2018年设立长岛海洋生态文明综合试验区；玉环市同样依托海岛优势，鼓励发展“碳汇渔业”和生态渔业，加快构建以海洋渔业、海洋生物医药产业为重点，兼顾海洋食品加工、海洋废弃物利用等内容的海洋生物产业链。

**案例2**：四川省稻城县：实行旅游门票分红惠益群众

2010年以来，稻城县县委、县政府充分利用亚丁保护区的良好自然生态旅游资源，大力围绕保护促旅游、旅游促发展、发展促保护的思路，设置公益性岗位，提供多种生态补贴，出台了《稻城亚丁旅游门票分红制度》，将门票收入用于亚丁保护区内4个乡镇农牧民的分红。2018年，亚丁保护区农牧民年人均可支配收入达4.5万余元，是2010年（7370元）的6倍多。通过创新生态惠民新模式，亚丁等一批村落由全县最落后的村落变为县域最富有的村落。稻城县仁村，采用房屋租赁方式，盘活农村现有资产，推进农旅融合，全村50%以上的农牧民获得了就业岗位，70%的农村居民房屋已实现资本化运作，2018年实现人均纯收入3.5万余元。稻城县麻格同村，2018年成功入围“世界旅游联盟旅游减贫案例”，为藏区精准脱贫提供了可操作、可复制的样本和典范。

**案例3**：福建省将乐县：“森林+”创新全域森林康养绿色产业

将乐县以促进深呼吸大健康为目标，结合全域旅游发展、美丽乡村建设，充分利用境内丰富优质森林生态资源、景观资源、绿水资源和文化资源，将森林康养功能与休闲观光、健康疗养、体育运动、科普宣教深度结合，探索实践“森林+养生”“森林+旅游”“森林+体

育”“森林+研学”等多种森林康养新业态，科学布局全域森林康养蓝图。目前，将乐县共有8个不同主题、各具特色的森林康养基地，其中，龙栖山和鹭鸣湾康养基地已列为三明市全域森林康养试点建设典型示范区，鹭鸣湾森林康养基地2016年被列为首批全国森林康养基地试点单位，2018年获得“全国森林康养50佳”称号。

**案例4**：西藏自治区林芝市巴宜区鲁朗镇：打造“中国最美户外小镇”

鲁朗镇以“雪山林海、云涛彩霞、一岭四季、十里九景”著称。1998年起，西藏自治区对林区全面实施禁伐，中央和西藏自治区不断加大对藏东林区的森林保护与建设力度，优化生态环境，让青山换“金山”。在青山绿水的滋养下，鲁朗镇的老百姓依靠生态旅游捧上了“金饭碗”，通过不断发展“生态+”旅游业，走上了生态立镇、旅游活镇的生态旅游经济之路，绘就了“生态美、百姓富”的鲁朗幸福画卷。

**案例5**：甘肃省古浪县八步沙林场：把荒漠变绿洲，生态资产不断累积

古浪县八步沙林场三代治沙人，38年来扎根荒漠，接续奋斗，以联户承包经营方式从义务治沙到专业治沙，累计治沙造林21.7万亩、封沙育林草37.6万亩，使周边10万亩农田得到保护，实现了将“不毛之地”转化为“绿水青山”。探索将防沙治沙与产业富民、精准扶贫相结合，通过种植枸杞、红枣、梭梭接种肉苁蓉和养殖八步沙“溜达鸡”发展林下经济，为移民群众及当地农户创造了大量的就业机会，增加了农民收入，改变了贫苦落后的面貌，实现了将“绿水青山”转化为“金山银山”。积极践行绿色发展理念和模式，坚持经济和生态融合发展，培育壮大沙产业、大力发展高效复合型林业，种植经济作物，推动金山银山转化，创造了新时代愚公承包治沙模式。

5. 以特色文化为基础的文化延伸型

重点植根于传统文化土壤，培育以生态价值观念为准则的生态文化体系，打造特色生态文化产业等。

**案例1**：黑龙江省黑河市爱辉区：依托特色文化打造文化创意产业园

爱辉区人文历史独特，具有中国历史文化名镇、北方游猎第一乡、中俄双子城等多项美誉。爱辉区以文促旅、以旅彰文、文旅相融，围绕“瑷珲历史、中俄界江、少数民族、知青垦荒”四大主题文化，对各类文化旅游资源进行系统提升，提出“一核、一带、三点、四线”发展格局，辐射带动瑷珲古城、民族民俗体验、历史研学实践基地、龙江特色民居等诸多文旅融合重点项目。每年举办“瑷珲上元节”“古伦木沓节”“库木勒节”“颁金节”等再现历史民俗盛况的区域特色文化节庆活动，依托瑷珲镇非遗传承基地、新生乡民族文化传承教育基地，打造文化创意产业园。全社会呈现出“生态兴、产业兴、文明兴、品牌兴”的良好发展态势。

**案例2**：云南省红河元阳哈尼梯田遗产保护区：依托农耕梯田文化打造哈尼品牌

红河元阳哈尼梯田遗产保护区先后被列入世界文化遗产、全球重要农业文化遗产、中国重要农业文化遗产、国家湿地公园、全国重点文物保护单位、国家AAAA级旅游景区，“哈尼

四季生产调”、乐作舞、“哈尼哈巴”等多项农耕文化项目列入国家级非物质文化遗产名录。哈尼梯田遗产保护区有1300多年的历史，呈现出特有的森林、村寨、梯田、水系“四素同构”生态系统，形成以梯田为核心的高原农耕技术、民俗节庆、宗教信仰、歌舞服饰、民居建筑等梯田文化，充分体现了人与自然、人与人以及人与自身之间“天人合一”的文化内涵，昭示了人与自然和谐相生的生存智慧，是哈尼族、彝族等先民农耕文明的智慧结晶和农业文明文化景观的杰出范例，是中国梯田的杰出代表、世界农耕文明的典范。

**案例3**：新疆维吾尔自治区特克斯县：打造“世界喀拉峻·中国八卦城”品牌

特克斯县城又名八卦城，按易经六十四卦布局，是迄今为止世界上唯一建筑正规、规模最大、保存最完整的八卦城，在2001年以其“建筑正规，卦爻完整，规模最大”荣膺“上海大世界基尼斯之最”，2007年被国务院批准为国家历史文化名城。近年来，特克斯县全面推进文化旅游品牌化，持续举办冰雪旅游节、天山文化体育旅游季、摄影节、周易大会，讲好特克斯故事、唱响特克斯歌曲、推介特克斯美景，逐渐打响了“世界喀拉峻　中国八卦城”品牌。

## 三、生态文明示范创建的几点思考

生态文明示范建设阶段重点通过国家生态文明建设示范市县建设，从生态制度、生态经济、生态空间、生态安全、生态生活、生态文化等方面，统筹推进“五位一体”总体布局，鼓励和推动各地区积极探索生态文明建设的不同路径和形态；通过“绿水青山就是金山银山”实践创新基地（简称“两山”基地）建设，打造更多“两山”实践样本，推动地方走生态优先、绿色发展之路，实现生态惠民富民，在全国范围内提供了一批统筹推进“五位一体”和推进“两山”转化的典范样本。

但如何进一步推进生态文明创建工作，实现美丽中国建设目标，还需要在体制机制等各方面继续创新和探索。

### 1. 完善生态文明体制机制，深化制度改革与实施保障

一是抓好制度建设，提高系统化、科学化、法治化、精细化、信息化水平。

二是强化顶层设计，深化体制机制改革，明确坚持和完善生态文明制度体系的总体思路、总体目标、实施途经和重大举措，构建权责清晰、集中统一、多元参与、激励约束并重、系统完整的生态治理长效机制。

三是完善目标责任体系，全面落实生态文明建设党政同责和一岗双责，按照“五位一体”的要求建立各部门协同推进的体制机制，形成各负其责、共同发力的建设格局。持续发挥党政主要负责人的核心领导作用，为生态文明建设提供强有力的组织保障，调动各方力量，集中人力、物力、财力，坚持政府主导、市场调控、社会参与有机结合，综合运用法制、经济和行政手段，自上而下部署、自下而上全方位推进。

四是研究激励机制，借助中央财政环保专

项资金以及地方专项资金，对建设地区给予一定的政策倾斜和财政支持，进一步激发地方开展生态文明示范建设的积极性。

五是深化制度创新，发挥市场在生态资源配置中的决定性作用。

2. 建立经验交流互动机制，推进建设实践成果应用

由于区域间生态文明建设经验交流偏少，建设经验总结及宣传、推广应用不足，部分地区生态文明建设热情高涨，但对于如何有效推进工作缺乏认识或本领恐慌。首先，需要建立国家和省级主管部门，并建设地区纵向和横向之间通过业务培训、研讨交流、现场观摩、典型案例推介等形式的经验交流互动机制。其次，借助专业力量进一步加强现有成功经验和有效模式的总结和提炼，集成攻克一批面向客观决策需要和实战创新需求的成果，为具有类似自然条件、社会经济发展阶段的区域提供借鉴，进一步推动我国各地区生态文明示范建设再上新台阶。

3. 夯实生态文明宣传教育，构建形成全社会“立体式”建设模式

生态文明建设是一项综合性的庞大系统工程，需要统筹协调政府各部门和社会各领域的力量。开展生态文明示范建设，必须巩固提升生态文明的基础地位和引领作用，强化各级党委政府在生态文明建设中的领导力，从理论指导、部门职责、工作分工与协调、政策保障等方面提出统一的战略部署，构建政府引导、部门分工协作工作格局。

在生态文明示范建设中，公民同时扮演着参与者和受益者的角色。为此，在生态文明建设中，需要重视公民参与生态文明建设的要求和意愿，把生态文明纳入国民素质教育和党政干部培训体系，完善公众参与制度体系，通过宣传和教育两大体系引导公民形成绿色的生活方式，营造生态文明“人人有责、人人参与、人人受益”的良好氛围，切实发挥公众参与在生态文明建设中的重要作用，大力推动全社会牢固树立生态文明理念。

# 绿色创新与生态文明建设*

□卢　风
（清华大学，生态文明研究中心，北京，100084）

**摘　要：**人类对自然的征服力度越大，所面临的风险越大。增强征服力的创新是不可持续的。物质财富的增长是有极限的，故以物质财富增长为标志的发展是不可持续的。绿色创新是保护自然环境、维护生态健康的创新，是谋求人类与自然和谐共生的创新。绿色创新支持的绿色发展才是真正可持续的发展，能确保绿色发展的文明才是真正可持续的文明。从工业文明的发展史看，征服自然的战争和人与人之间的战争是互相缠绕且内在相关的。止息两种战争，实现马克思所说的“两个和解”，才可能走向生态文明。物质主义文化是滋生两种战争的土壤，解构物质主义文化，培育非物质主义文化，是每个人都可以从自我选择做起的事情。

**关键词：**绿色创新；绿色发展；物质主义；两个和解

文明必然是发展的。阿诺德·约瑟夫·汤因比等著名历史学家认为，原始社会不能算是文明，文字和城市的出现才标志着文明的诞生。汤因比认为，原始社会和文明社会之间的根本区别是“模仿的方向”。模仿行为是一切社会生活的属性。“在原始社会里，模仿的对象是老一辈，是已经死了的祖宗，虽然已经看不见他们了，可是他们的势力和特权地位却还通过活着的长辈而加强了。在这种对过去进行模仿的社会里，传统习惯占着统治地位，社会也就静止了。在文明社会，模仿的对象是富有创造精神的人物，这些人拥有群众，因为他们是先锋。在这种社会里，那种‘习惯的堡垒’是被切开了，社会沿着一条变化和生长的道路有力地前进。”[1]换言之，原始社会之所以停滞不前，就因为人们缺乏“创造精神”，而文明之所以

---

* 作者简介：卢风，清华大学生态文明研究中心研究员。

基金项目：本文为2018年度国家社会基金重大项目“新时代绿色发展绩效评估与美丽中国建设道路研究”（18ZDA046）阶段性成果。本文部分内容为作者在第二届“绿水青山就是金山银山”理念湖州论坛暨国际研讨会上的主旨发言，已发表在《特区实践与理论》2022年第2期，有改动。

为文明，就因为“富有创造精神的人物”领导了社会，从而社会开始发展。文明的发展与创新直接相关，创新就是文明发展的动力，没有创新就没有发展。工业文明之所以飞速发展，就因为工业文明空前激励了各种创新。但是，到了20世纪70年代，越来越多的有识之士意识到工业文明的发展模式是不可持续的。那么何种发展才是可持续的？何种创新所推动的发展才是可持续的？本文试图回答这两个问题。

## 一、工业文明的发展模式为何不可持续

马克思、恩格斯曾感叹：“资产阶级在它的不到一百年的阶级统治中所创造的生产力，比过去一切世代创造的全部生产力还要多，还要大。”[2]尽管资产阶级引领的工业文明空前促进了生产力的发展，但马克思恩格斯认为，资本主义生产关系束缚了生产力的进一步发展，资产阶级和无产阶级之间的阶级斗争必然会导致资本主义社会的解体，催生共产主义社会的诞生，从而进一步促进生产力的发展，且确保每一个人的全面发展。到了20世纪，特别是第二次世界大战之后，发达资本主义国家部分吸取了马克思主义对资本主义的批判，通过发展各种福利、保险制度，大大缓解了阶级矛盾。被誉为“当代最伟大思想家”的史蒂芬·平克（Steven Pinker）在其2018年出版的《当下的启蒙》一书中为欧洲启蒙思想及其指引的工业文明进行了系统的辩护。平克说，“在衡量人类福祉的所有指标上，世界都取得了惊人的进步”。[3]在《当下的启蒙》中，平克系统、全面地说明了工业文明所取得的巨大成就，这些成就都是创新的成就，是文明发展的成就，但平克却严重低估了工业文明的危机。如今，越来越多的有识之士意识到，工业文明的危机是空前深重的，工业文明的发展是不可持续的。工业文明的发展之所以不可持续，原因大致有二：其一，工业文明的创新方向不仅是错误的，而且是危险的；其二，工业文明的发展理念过分受缚于经济主义（Economism）思维方式，以致把发展主要归结为物质财富的增长和征服力、控制力的增强。

### （一）关于工业文明的创新方向

工业文明的创新方向是追求日益强大的征服力和日益精准的控制力，如美国经济学家舒马赫在其名著《小的是美好的》中所言，现代技术发展的基本方向是：追求越来越大的规模、越来越快的速度，和不断增强的暴力，这一方向的发展蔑视一切自然和谐规律。[4]简言之，工业文明的创新是增强征服力的创新。强大是工业文明创新所追求的一个重要目标，超大型机械、原子弹、氢弹、航空母舰等，是征服力强大的标志。正因为有超大型机械（起重器、推土机、挖掘机等），人们才能建三峡大坝、港珠澳大桥等超大型工程，实现南水北调，等等。精准是现代工业文明创新的另一个重要目标，如今的大数据和人工智能技术是精准化技术创新的标志。

工业文明的创新之所以“蔑视一切自然和谐规律”，与现代性自然观密切相关。弗朗西斯·培根认为，只有拷问自然，才能探寻自然的奥秘。“就像人不被激怒就绝难弄清其意图，

普鲁特斯（希腊海神）不被捆紧缚牢就不会变形，若一任自然自在而不用技术（机械装置）去审讯，她就不会显现自身。”[5]“审讯”自然是为了获得自然知识，知识就是力量，获得自然知识是为了“努力获得并扩充人类自身征服宇宙的力量”。[6]

正因为现代人这么理解人与自然之间的关系，所以，现代人力主征服自然，认为人类越能征服自然，就越能让物质财富充分涌流。现代性自然观强有力地影响甚至塑造了现代文明观和发展观。根据现代性自然观，文明就是对自然的征服，文明所到之处就是荒野（森林、湿地等）退缩之地。城市是文明的集中点，城市发展的直观表现就是环境人工化程度的提高。如果说在后殖民主义时代，强国对弱国的征服，统治者对被统治者的征服，常常遭到多数人的谴责，那么人类对自然的征服则一直不是被视为理所当然就是被视为迫不得已。时至今天，仍有人认为，“征服自然既是人类的伟大壮举，又是人的顽强意志的重要表现。人或人类只有具有征服自然的坚强毅力和决心，才可能有征服自然的伟大壮举”。[7]

在面临全球性气候变化的今天，仍有人主张用征服性技术去应对气候变化。美国学者保罗·维普纳（Paul Wapner）说，对化石燃料的提炼和使用就反映了人们驯服自己周围的世界的冲动。[8]正因为几十亿人大量使用化石燃料，才导致了以全球升温为主要标志的气候变化。维普纳在《野性终结了吗?》一书中写道：在寻求应对气候变化的对策时，有人梦想用控制整个地球大气层的方法以避免气候急剧变化所导致的最极端的危险，产生这种想法并不奇怪。人们不想生活在一个更热的世界，但看到了把人类力量扩展到地球大气层——在大气层建设基础设施的希望。就像野性（Wildness）已被人们从当下生活中驱除，它也有望被从地球大气条件中驱除。悠久的人类征服之梦似乎将在全球规模得以实施，有不少思想家相信人类能实现这一梦想。

最激动人心的大气层控制采取了地球工程的形式。地球工程与停止碳和其他温室气体的排放无关，却试图在整个地球大气层控制住碳以及其他温室气体，这意味着精准操控地球的物理功能——照射到地面的阳光数量或者大气层的化学成分，以应对人为的气候变化。地球工程师并不对人类很快降低碳足迹抱希望，却想通过短期缓解，甚至理论上的长期稳定，以救世主的姿态干预地球大气层。地球工程目前展示的预期有两种基本类型：一种是太阳辐射管理（SRM）。使用这种方法旨在于阳光到达地球表面之前把阳光反射到外空间。SRM 方案包括把气溶胶喷射到大气层以反射太阳光，把镜子送到地球轨道以把太阳光反射到外空间，变亮云层以加强云层的反射功能。[9]另一种是转移二氧化碳（CDR）。和 SRM 一样，CDR 的目标不是减排，而是在二氧化碳被释放或进入大气层时捕获二氧化碳，这一方法被许多人视为更具吸引力的选项，因为它的副作用较少，但在技术上更具有挑战性。人们付出了巨大努力以使之付诸实施。

CDR 是一整套办法的总称。其中最有希望的一种是碳捕获和碳储存（CCS）。按照一种设想，在化石燃料发电厂内部就把碳捕获住，然后把碳储存起来。在燃烧化石燃料之前或之后都可以分离或吸收二氧化碳。二氧化碳一旦从其他混合物中分离出来，就可以转移到一个合适的储存所。压缩机可通过管道以液态或气态形式推送二氧化碳。然后既可以储存于地下，也可以储存于水下。在陆地上，二氧化碳可被注入原先储存油和气的储存库。这些储存库通常由多孔的岩石构成，从而能无限期地存储二氧化碳。水下储存更具有挑战性，因为碳必须被下沉得很深，以确保粒子沉入海底而不浮上水面。CCS 过程依赖于溶剂从流动的气体中把二氧化碳从硫、水以及其他杂质中分离出来的功能，被捕获的二氧化碳输送至管道，并长期储存。[10]

维普纳分析了地球工程的可行性和风险。太阳辐射管理（SRM），似乎能够减少照射到地球的阳光数量。但其区域影响、军事应用和实施后果都具有巨大的不确定性。例如，有些计划表明，如果大规模地实施 SRM，即通过温室气体集中排放来抵消升温——印度和非洲的雨季会减弱，这会潜在地影响支撑几十亿人的农业。另外，在没有对 SRM 监管的条件下，根本没有办法阻止那些想把改变天气的技术用于军事目的的国家。可以预想，国家，甚至非国家组织，可以把 SRM 变成武器，即用作武装冲突的工具。最后，因为硝酸盐在大气层只能短期存留，所以全世界都必须不断甚至无限期地向大气层注入硝酸盐。于是，随时存在“终止休克”（Termination Shock）的危险，这样一来，非但不能减缓升温，而且一旦中断注入硝酸盐，气温就会急速上升。潜在于 SRM 中的未知数和高风险根本无法消除世界的气候野性，故实施 SRM 就是一场豪赌。[11] 实施 CDR 也有类似的危险。[12]

维普纳的论述中的三个关键词——不确定性、未知、高风险，特别值得从哲学层面加以分析。现代性之所以力主征服自然，就因为它设定自然事物没有什么不确定性，人类操纵自然事物的不确定性仅源自人类知识的不足，随着人类知识的进步，人类对自然事物的操控会越来越精准。征服自然的风险将越来越小。但量子物理学和复杂性科学表明，自然系统是复杂的，不确定性是自然系统的根本特征。无论人类知识如何进步，人类之所知相对于“未知的海洋”都只是沧海一粟。[13]

自然是人类所绝对不能征服的，人类征服自然的力度越大，自然的回击力量越大。换言之，以征服力增强为目标的创新是不可持续的，人类必须扭转其创新方向。

**（二）关于工业文明的发展观**

现代发展观深受经济主义意识形态的影响，即在人类事务中，经济活动是最重要的活动，经济增长可以带动一切人类事业的进步。对一个社会来讲，只要其经济在不断增长，就渴望各方面的改善和进步。人类行为归根结底是经济行为，所以经济学可以解释人类的一切行为。西方经济学中的新自由主义就蕴含了经济主义信条。西方学者温迪·布朗（Wendy Brown）断言，根据新自由主义的政治合理性（Political Rationality），政治领域以及当代生活的每一个其他维度都从属于经济合理性（Economic Rationality），换言之，不仅“经济人”一词包罗无遗地概括了人的特征，而且人类生活的所有方面都可用“市场合理性”加以说明。一切人类活动都可以归结为利润计算和企业家算计。这种行为法典可以从个人推广到国家，即国家不仅必须关注市场，而且必须通过其职能，包括立法，像一个市场主体那样去思考和行动。[14]

经济主义意识形态受到了功利主义伦理学的支持。功利主义要求人们以追求快乐与痛苦之最大顺差的方式促进自我利益。通过计算成本和效益，货币能帮助人们实现效用最大化。功利主义激励人们在生活和社会的各方面都尽力这么做。政治经济学就通过"经济人"的建构，把一切人际关系都打上了货币化和商业化的印记。[15]功利主义关于价值量化的思想是对经济主义的最重要的支持。功利主义者认为，人类追求的一切价值都可以归结为幸福（Happiness），幸福也就是快乐，其反面（否定）就是痛苦。快乐和痛苦是可以统一度量的，可见人类追求的一切价值都是可以量化的，从而都可以用货币加以衡量。功利主义者和经济学家用"效用"（Utility）一词指称人类追求的价值，人们购买任何一种商品或服务，都是购买其效用。

新西兰学者西蒙斯（P. Simons）说：功利主义把一切规范都归结为最大多数人的最大幸福。理性被应用于科学和科学技术（Scientific Technology）：一切能制造的都应为增加幸福而制造。于是，技术主义加强了经济主义（只管多买，无论是否浪费或破坏环境），反过来，经济主义也加强了技术主义（新发明、新产品能刺激消费者的消费兴趣）。两者持续地相互作用。经济主义就是对物质意义上的好生活的追求，它不承认任何极限的存在。数个世纪以来，人类生活中的经济部门已成了赚钱机器，它被实业界所操作，且受到国家的支持，任何不能用金钱表达的东西都统统被忽视。[16]

在西蒙斯以上的论述中有两点特别值得重视：一是经济主义的物质主义特征，即经济主义者理解的好生活是物质财富不断增长的生活。事实上，工业文明的经济长期以来是物质经济，经济增长也就是物质财富增长。二是不承认物质经济增长有什么极限，即认为物质经济可以无止境地增长。

在经济主义和技术主义的影响之下，人们把发展理解为物质财富的增长和征服性科技的进步。如前所述，我们可以在自然观和知识论层面论证自然是绝对不可征服的。自《增长的极限》发表以来，虽一直不乏对增长的极限的质疑，但环境科学、生态学乃至复杂性科学都表明物质经济的增长是有极限的。工业文明的创新方向不仅是错误的，而且是危险的，由工业文明的创新所推动的发展注定是不可持续的。

## 二、绿色创新代表着创新方向的根本改变

那么，如何谋求人类文明的可持续发展？有西方学者认为：如今，有三大与发展休戚相关的条件：环境保护、经济财富和社会公平，这被认为是可持续发展的三大支柱。[17]为了帮助企业在为创建可持续社会做出贡献的同时又保持其竞争力，世界可持续发展商业理事会（The World Business Council for Sustainable Development，WBCSD）提出了"生态效率"概念，这个概念是1992年联合国环境与发展大会期间提出的工业对可持续发展的重要贡献之一。[18]WBCSD是这样定义"生态效率"的：在

降低商品和资源全生命周期的环境影响，把环境影响程度至少保持在地球承载限度之内的前提下，通过提供有竞争力的商品和服务价格而满足人们的需要并提高生活质量。提高生态效率的目标就是采用与生态可持续社会协同并进的生产方法，它还包含一系列其他围绕着可持续生产和制造的重要概念。21 世纪以来，原初的生态效率概念已作为工业生产和商业决策原则获得了广泛的关注，且已被浓缩为一个简单的口号："用得更少，做得更多"（Doing More with Less），即用更少的资源，并更少地产生废弃物和污染，而产出更多的商品和服务。这一运动已产生了多种概念和方法，例如，环境监管和审计、环境战略等，企业运用这些概念和方法可以在生产中提高生态效率。[19]

为了提高生态效率，企业乃至许多社会组织都必须扭转创新方向：由不考虑环境影响的创新转向绿色创新（Green Innovation）。所谓绿色创新，就是注重减少废物、防止污染并实施环境治理的创新。实施绿色创新就要求企业在产品开发过程中，使产品易于再利用、循环利用和降解。要求企业在生产中选择环境友好的材料，有效地降低有害物质和废弃物的排放；有效地循环利用废弃物；有效地降低水耗和能耗；有效地减少使用原材料。[20]

绿色创新也就是生态创新（Eco-innovation）。较长时间以来，主要集中于环境技术的生态创新在两个重要方面不同于常规的创新。第一，由于生态创新是明确代表降低环境影响（无论是有意的还是无意的）的创新，所以它不是一个没有限制的概念。第二，生态创新不限于产品、加工、营销方法和组织方式的创新，也包括社会和制度结构的创新。[21]这便表明了一个事实：生态创新的范围已超出了通常的创新公司的组织边界，而包含了更大的社会空间。这种创新涉及社会规范、文化价值和制度结构的改变，要与供应链中的竞争者、公司以及诸如政府、零售商和消费者那样的其他部门的利益相关者协作。[22]

从根本上看，绿色创新或生态创新的兴起代表着人类创新方向的根本转变：由追求征服力增长的创新转变为谋求人类与自然和谐共生的创新。这种创新才是真正可持续的创新，这种创新所推动的发展才是绿色发展，绿色发展才是真正可持续的发展，能确保绿色发展的文明就是生态文明。

马克思主义不认为人与自然之间的矛盾是孤立的，而认为人与自然之间的矛盾与人类社会的阶级矛盾以及阶级斗争是密切相关的。工业文明对生态环境的破坏与资产阶级对工人阶级的压迫和剥削直接相关。马克思说："人们在生产中不仅影响自然界，而且也互相影响……为了进行生产，人们相互之间便发生一定的联系和关系；只有在这些社会联系和社会关系的范围内，才会有他们对自然界的影响。"[23]资产阶级最热心追求的只是物质财富的增长或资本的增值，为了实现这一目标，他们不仅根本不在乎生产过程对生态环境的破坏，甚至不在乎工人阶级的死活。"资本的逻辑"就是不顾一切地增值。为了增值，资本可以冲破一切限制，最终"使自然界的一切领域都服从于生产"。[24]在资本主义的社会条件下，人与自然不可能和解，工人阶级和资产阶级也难以甚至不可能和解。只有彻底废除私有制，才能实现"人类与自然的和解以及人类本身的和解"。[25] 自马克思主义诞生直至今天的世界史表明，废除私有制可能要经历一个极其漫长的历史过程。当代论述绿色创新或生态创新的学者们大多相信，在民主法治和市场经济的基本制度框架下，促进绿色创新、谋求绿色发展可确保文明的可持续发展。这里暂且不考虑"废除私有制"这一在很久的未来才可能实现的选项，因为私有制与市场经济不可剥离。因此，先考虑在现有的世界格局中，有没有可能谋求"人类与自然的和解以及人类本身的和解"（简称"两个和解"）。

从工业文明的发展史看，存在与"两个和解"相对应的两种战争——人类征服自然的战争和人与人之间（不同集团、民族、国家之间）的战争，其中人与人之间的战争往往是强势集团、民族、国家征服弱势集团、民族、国家的战争。长期以来，极少人认为人类征服自然的行动是战争。在全球生态危机充分凸显且越来越多的人认为非人动植物也有能动性甚至也有主体性和道德资格的今天，我们有理由把人类征服自然的集体行动也看作战争。这两种战争是互相缠绕、密切相关的，都依赖于特定集团、民族、国家或国家联盟征服力的提高，从而依赖于增强征服力的创新。在殖民主义时期，最早工业化的国家通过征服自然而制造出坚船利炮，进而用其坚船利炮征服了前工业化国家，从而扩展了其征服自然、获取自然资源的空间。意欲争霸的国家必然重视发展重工业，有足够强大、先进的重工业才能大量制造导弹、战机、战舰、航空母舰、核武器等。以目前的能源结构（仍主要使用石油、煤、天然气等）看，大力发展重工业，必然意味着对自然的征服的加剧。

至此，我们可以看出，能否实现"两个和解"，已不再是能否谋求一个美好未来的事情，而是涉及人类文明可否继续存在和发展的事情。绿色创新和绿色发展的呼声是谋求人与自然和谐共生的呼声，即停止征服自然的战争的呼声。然而，总想称霸世界的野心家、政治家、军事家们不可能真心实意地支持绿色创新和绿色发展。[26] 真心实意地走绿色创新和绿色发展之路就必须放弃称霸世界的政治野心，真心实意地谋求人与人之间的和平。现代科技创新所支持的两种战争都是违背自然规律的，欲求文明持续，必须停止两种战争。

## 三、建设生态文明必须超越物质主义

本文在追问工业文明的发展为何不可持续时，概略地回答：工业文明的发展之所以不可持续，是因为工业文明的创新主要是以增强征服力为目标的创新，且工业文明的发展目标是物质财富的不断增长。这种关于创新目标和发展目标的认识是错误的，创新目标的错误源自对自然的错误理解，发展目标的错误则源自对人性的误解。

现代发展观是经济主义的发展观。如新西兰学者西蒙斯所说，经济主义就是对物质意义上的好生活的追求。换言之，现代主流意识形态设定，人类生活的改善依赖于物质财富的增长和物质生活条件的不断改善，而且"不承认任何极限的存在"。其实，只有在物质生活资料匮乏的情况下，人类生活的改善才直接依赖于物质财富的增长。当一个社会达到一定的富足程度时，人们的幸福感就不再依赖于物质财富的增长了。人是追求无限的有限存在者,[27]或如马克斯·韦伯（Max Weber）所言，人是悬挂在他们自己编织的意义之网（Webs of Significance）上的动物。美国人类学家格尔兹（Clifford Geertz）认为，文化就是人们编织的意义之网。[28]人们对意义的理解决定着他们对“好生活”的理解，从而也深深地影响着他们的幸福感。现代人之所以认为物质财富增长是好生活的实质，就是因为他们编织了一张物质主义的意义之网。其实，一个人一日三餐只能吃那么多食物，每天只能穿那么多衣服，只需要住那么大的房子。一言以蔽之，他们花费昂贵的物质财富不是为了满足其物质需要，而是为了满足其精神需要，即追求人生意义的需要。然而，追求人生意义的途径和方式多种多样，物质主义仅是其中的一种。物质主义不仅是对人生意义的严重曲解，而且是对人类价值追求的危险误导，也是对人类文明发展方向的危险误导。

物质主义成为主流价值观是一种极其危险的文化潮流。首先，正因为物质主义成为主流价值观，“大量开发、大量生产、大量消费、大量排放”才成为工业文明的主导性生产生活方式，几十亿人的“大量开发、大量生产、大量消费、大量排放”必然会使人类在生态危机中越陷越深。其次，物质主义成为主流价值观，世界各国争夺物质资源（石油、天然气、铁、镍、铜、锌、磷、铝土、黄金、锡、锰、铅等）的竞争必然日趋激烈，这种竞争难免会导致战争。可见，物质主义文化既是人类征服自然的战争的土壤，又是人与人之间的战争的土壤。

生态文明才是可持续的文明。为走向生态文明，人类必须谋求马克思所说的“两个和解”，即必须停止两种战争。

如果我们摒弃了经典物理学所支持的机械论或物理主义自然观以及过分简单、乐观的知识论，那么就不难理解，大自然是不可征服的，试图用不断增强的人为技术力量去征服自然，必然是“搬起石头砸自己的脚”。由此可知，人类必须放弃征服自然的野心，停止征服自然的战争。工业文明的历史又表明，征服自然的战争与人间的战争是互相缠绕、互相加强的。这两种战争的互相缠绕、互相加强推动了核武器的出现，让世人明白：不能爆发核战争，否则，不仅人类文明会在战争中毁灭，整个地球生物圈都会在战争中毁灭。可见，原本只打算用于人间战争的武器也能征服自然。维普纳对实施SRM的分析则表明，征服自然的基础设施也可被用于人间的战争。

英国历史学家约翰·基根（John Keegan）认为，战争植根于文化，但“文化很容易受到打击，而对文化打击最大的就是战争”。[29]基根反对卡尔·冯·克劳塞维茨（Carl von Clausewitz）在其名著《战争论》中表达的主要观点：战争是政治的继续。基根在其《战争史》一书的结尾部分写道：

> 政治必须继续，战争却不能继续。这并非说战士的作用已经终了。世界比过去更加需要随时准备为国家服役的技术娴熟、纪律严明的战士。这样的战士必须是文明的保卫者，而不是文明的敌人。他们是为文明而战，他们的敌人是种族主义者、割据一方的军阀、意识形态上的顽固分子、普通劫匪和国际有组织犯罪分

子，他们的作战方法不能只采用西方的模式。未来维持和平和缔造和平的人从其他的军事文化中可以学到很多东西，不仅是东方的军事文化，而且也包括原始的军事文化。战争中的自我克制原则，甚至象征性的仪式程序，都是需要不断温习的智慧。[30]

彻底终止战争实现永久和平可能和"废除私有制"一样只能寄望于较遥远的未来。但逐步弱化物质主义的影响，逐渐培育非物质主义文化，从而逐步改良易于导致战争的文化土壤，使每个人都可以从自我选择做起。罗纳德·英格尔哈特（Ronald Inglehart）等在20世纪70年代所做的一项关于文化变迁的调查发现，发达国家的文化已出现了由物质主义转向后物质主义（Post-materialism）的趋势。物质主义价值观优先凸显经济和物质安全（Economic and Physical Security），而后物质主义价值观优先凸显自我表现和生活质量（Self Expression and the Quality of Life）。[31] 据日本学者大前研一说："如今日本年轻人当中，成为话题的流行新语就是'穷充'（穷并充实）。他们认为没有必要为金钱和出人头地而辛苦工作，正是因为收入不高，才能过上心灵富足的生活。"[32] 这种"穷充"心态在欧洲富裕国家也出现过。"穷充"心态的流行和"低欲望"群体人数的增加会降低社会的创新活力，但这是不必要的担忧，这一变化趋势恰恰标志着非物质主义文化的发育。

非物质主义文化的发育与绿色创新乃至绿色发展可以互相支持、互相激励。只要人类创新仍以增强征服力为主要目标，文明发展仍以物质财富增长为标志，人类征服自然的战争和人与人之间的战争就不可能止息。唯当"穷充者"日益增多，且他们积极地将其才智贡献于绿色创新时，生态文明建设才会越来越富有成果，绿色发展才能呈现强劲势头。

**参考文献**

[1]［英］汤因比. 历史研究（上）[M]. 曹未风等，译. 上海：上海人民出版社，1997：60.

[2] 马克思恩格斯文集（第2卷）[M]. 北京：人民出版社，2009：36.

[3]［美］史蒂芬·平克. 当下的启蒙［M］. 杭州：浙江人民出版社，2019：53.

[4] Schumacher E F. Small is Beautiful: Economics as if People Mattered [M]. New York: Harper Rerennial Publishers, 1973: 157.

[5] [6] Merchant C. The Death of Nature: Women, Ecology, and the Scientific Revolution [M]. New York: Harper Rerennial, 1990: 169, 172.

[7] 胡敏中. 为"征服自然"辩 [J]. 自然辩证法通讯，2005（3）：108.

[8] [9] [10] [11] [12] Wapner P. Is Wildness over? [M]. Cambridge: Polity Press, 2020: 52-55+78.

[13] 卢风. 科学与哲学的当代嬗变 [J]. 特区实践与理论，2021（2）：10.

[14] Burnside-Oxendine K. Police is Dead: On the Birth of Economism [D]. Program in Literature Duke University, 2016.

[15] [16] Simons P. Economism [J]. Koers, 2010, 75 (4): 752-753+766-767.

[17] [18] [19] [21] [22] OECD. Eco-Innovation in Industry: Enabling Green Growth [M]. OECD, 2009: 23+28+39-40.

[20] Soewarno N, Tjahjadi B, Fithrianti F. Green Innovation Strategy and Green Innovation [J]. Management

Decision, 2019, 57 (11): 3069.

[23] 马克思恩格斯选集（第 1 卷）[M]. 北京: 人民出版社, 2012: 340.

[24] 马克思恩格斯全集（第 47 卷）[M]. 北京: 人民出版社, 1979: 555.

[25] 马克思恩格斯文集（第 1 卷）[M]. 北京: 人民出版社, 2009: 63.

[26] 魏庆坡. 特朗普民粹式保守主义理念对美国环保气候政策的影响研究 [J]. 中国政法大学学报, 2020 (3): 93.

[27] Cottingham J. the Meaning of Life [M]. Lodon and New York: Routledge, 2003: 52-53.

[28] Geertz C. Interpretation of Cultures [M]. New York: Basic Books Inc., 1973: 5.

[29] [30] [英] 约翰 · 基根. 战争史 [M]. 林华, 译. 北京: 中信出版社, 2018: 477+782.

[31] Inglehart R, Welzel C. Modernization, Cultural Change, and Democracy [M]. Cambridge: Cambridge University Press, 2005: 97.

[32] [日] 大前研一. 低欲望社会: “丧失大志时代”的新国富论 [M]. 姜建强, 译. 上海: 上海译文出版社, 2018: 50.

“两山”转化与实践创新

# 努力构建中国式现代化的自主知识体系*

□ 张占斌
（中央党校（国家行政学院），中国式现代化研究中心，北京，100091）

**摘　要**：深入推进中国式现代化要努力构建中国式现代化的自主知识体系。中国式现代化的理论与实践，是党带领人民在百余年奋斗中独自探索出来的符合中国实际发展的理论与实践，是具有我国自主知识体系和自主知识产权的理论与实践。构建中国式现代化的自主知识体系，不仅是构建中国特色哲学社会科学的需要，也能为推动构建人类命运共同体做出积极贡献。深入推进和拓展中国式现代化理论，要深刻领会其中蕴含的鲜明的政治性、独创性、人民性、自主性、民族性、开放性、实践性、系统性和世界性；要以党的先进性和纯洁性、长期执政能力建设引领构建中国式现代化的自主知识体系，努力打造创新型、服务型、学习型、自觉型、实践型和使命型政党。构建中国式现代化的自主知识体系，要发挥马克思主义中国化“两个结合”的引领性作用，贯彻以人民为中心的价值立场，强化问题导向、问题意识，胸怀天下、海纳百川，不断创造和完善人类文明新形态。

**关键词**：中国式现代化；自主知识体系；政党建设；中国特色哲学社会科学

习近平强调：“加快构建中国特色哲学社会科学，归根结底是建构中国自主的知识体系。”[1]当代中国正在经历我国历史上最为广泛而深刻的社会变革，正在进行人类历史上最为宏大而独特的实践创新。这个社会变革，这个实践创新，就是中国式

* 作者简介：张占斌，中央党校（国家行政学院）中国式现代化研究中心主任，国家哲学社会科学一级教授，主要研究方向为习近平经济思想。

本文部分内容为作者在第二届“绿水青山就是金山银山”理念湖州论坛暨国际研讨会上的主旨发言，已发表在《文化软实力》2023年第4期，有改动。

现代化。党的十八大以来，我们党在已有基础上继续前进，不断实现理论和实践上的创新突破，成功推进和拓展了中国式现代化。中国式现代化创造了人类文明新形态，为人类社会探索更好的社会制度做出了突出贡献，这份光荣是中国的，也是属于世界的。随着中国式现代化的推进和拓展，新时代发出新的呼唤，那就是要努力构建中国式现代化的自主知识体系。中国式现代化的自主知识体系就是中国共产党带领全国各族人民经过100多年努力奋斗所形成的具有中国自身特色的、同时又包容世界现代化特征的自主知识体系，是把特殊性和一般性很好地、有机地结合起来的自主知识体系，具有海纳百川、胸怀天下、守正创新、赓续文脉、构筑精神、弘扬价值、彰显力量、捍卫尊严的品质，展现出道路自信、理论自信、制度自信和文化自信的中华民族现代文明智慧。

## 一、努力构建中国式现代化的自主知识体系具有重大意义

中国式现代化的理论与实践，是党带领人民在百余年奋斗中独自探索出来的符合中国实际发展的理论与实践。在新中国成立特别是改革开放以来长期探索和实践的基础上，经过党的十八大以来在理论和实践上的创新突破，我们党成功推进和拓展了中国式现代化。

中国式现代化理论的提出，是党的二十大的一个重大理论创新，是科学社会主义的最新重大成果，是全面建设社会主义现代化国家、实现中华民族伟大复兴的理论指南。中国式现代化的理论与实践，是具有我国自主知识体系和自主知识产权的理论与实践。鸦片战争使西方列强敲开了中国大门，在外部的压力下，中国社会也曾出现了一些内部的变革趋势。在中国共产党成立前，一个很重要的取向就是想学习西方，从技术层面、制度层面和文化层面全面学习，甚至把西方的东西照搬过来为我所用，但都没有找到真正解决中国问题的出路，自然也就找不到中国现代化的发展之路。新中国成立后，中国共产党团结带领全国各族人民经过艰辛探索走出了一条有中国自己特色的发展道路。党的十八大以来，中国特色社会主义进入新的发展阶段，不断取得重大成就，意味着近代以来饱经磨难的中华民族实现了从站起来、富起来并向强起来迈进的历史性飞跃，走上了中国式现代化发展之路。继往开来，我们必须把推进中国式现代化作为最大的政治，在党的统一领导下，团结最广大人民，聚焦经济建设这一中心工作和高质量发展这一首要任务，把中国式现代化宏伟蓝图一步步变成美好现实。这是具有我国自主知识体系和自主知识产权的理论与实践，是彰显中国特色、中国气派、中国风格、中国尊严的理论与实践。中国式现代化的理论与实践，为中国知识界理论创新，特别是哲学社会科学的繁荣发展提供了深厚基础和广阔空间。同时，也对努力构建中国式现代化的自主知识体系，如何用中国式现代化的发展优势塑造出国际话语优势，提出了更高的要求。

加快构建中国特色哲学社会科学，一个非常重要的内容是构建中国式现代化的自主知识体系。2016年，习近平总书记在哲学社会科学工作座谈会上的重要讲话中指出：“一个没有发

达的自然科学的国家不可能走在世界前列，一个没有繁荣的哲学社会科学的国家也不可能走在世界前列。"[2]

构建中国自主的知识体系应是主体性和原创性的统一。主体性，就是要以中国为观照、以时代为观照，立足中国实际，解决中国问题，不断推动中华优秀传统文化创造性转化、创新性发展，不断推进知识创新、理论创新、方法创新，使中国特色哲学社会科学真正屹立于世界学术之林。原创性，就是要打造一批原创性的范畴，推动一些原理的发展和理论体系的构建。构建中国式现代化的自主知识体系，其目的也在于更好地、更进一步地推进和拓展中国式现代化。构建中国式现代化的自主知识体系，基础在于我们成功地推进和拓展了中国式现代化。但我们不能停留在以往的成绩上睡大觉，必须努力前行。不进步就是落后，不发展就是最大的不安全。时代是思想之母，实践是理论之源。实践发展永无止境，认识真理、进行理论创新就永无止境。推进中国式现代化是一项探索性事业，还有许多未知领域，需要我们在实践中去大胆探索，通过改革创新来推动事业发展，通过深化改革来创造崭新的业绩，因此，决不能刻舟求剑、守株待兔。中国式现代化实践仍然在发展，推进基于中国式现代化实践基础上的理论创新必然不断进行。建构中国自主知识体系的实践基础与理论根基就是中国式现代化。为此，我们必须不断推进中国式现代化，把自己的事情办好，在不断开辟现代化发展新境界中构建中国式现代化的自主知识体系。

构建中国式现代化的自主知识体系，也是为推动构建人类命运共同体做出积极努力和贡献。哲学社会科学工作者要做到方向明、主义真、学问高、德行正，自觉以回答中国之问、世界之问、人民之问、时代之问为学术己任，以彰显中国之路、中国之治、中国之理为思想追求，在研究解决事关党和国家全局性、根本性、关键性的重大问题上拿出真本事、取得好成果。改革开放以来，我们提出了中国特色社会主义重大理论和实践问题。经过 40 多年的发展变化，中国特色社会主义理论和实践之树已经在中国大地根深叶茂。我们对此有了更多的道路自信、理论自信、制度自信和文化自信。面向未来，我们仍需高举中国特色社会主义的伟大旗帜。

从国际交往的角度和国际传播的角度来看，中国式现代化的理论和实践应该在国际上有更大的传播空间。要发挥哲学社会科学在融通中外文化、增进文明交流中的独特作用，重点围绕中国式现代化的理论与实践，传播中国声音、中国理论、中国思想，让世界更好读懂中国，为推动构建人类命运共同体做出积极贡献。

## 二、深刻理解中国式现代化理论具有的系列鲜明特性

中国式现代化理论，是中国共产党带领全国各族人民在 100 多年的艰辛探索中创造出来的伟大理论。中国式现代化的本质要求是：坚持中国共产党领导，坚持中国特色社会主义，实现高质量发展，发展全过程人民民主，丰富人民精神世界，实现全体人民共同富裕，促进人与自然和谐共生，推动构建人类命运共同体，创造人类文明新形态。这些鲜明特性对构建中

国式现代化的自主知识体系十分重要，我们必须倍加珍惜、始终坚持、不断拓展和深化。

第一，政治性。中国式现代化理论强调坚持中国共产党领导和走社会主义道路，具有鲜明的政治性。中国式现代化，是中国共产党领导的社会主义现代化。以中国式现代化全面推进实现中华民族伟大复兴，是中国共产党带领中国人民进行的伟大创造，是一项前无古人的开创性事业，必然会遇到各种可以预料和难以预料的风险挑战、艰难险阻甚至惊涛骇浪。作为一个有着14亿多人口的大国，中国需要一个坚强有力的政治领导力量引领中国按照马克思主义确立的社会主义方向前进。这个政治领导力量就是也只能是中国共产党。党的领导直接关系到中国式现代化的根本性质、根本方向、前途命运、最终成败。只有毫不动摇坚持党的领导和走社会主义道路，中国式现代化才能前景光明、繁荣兴盛。

第二，独创性。中国式现代化理论打破了“现代化=西方化”的迷信思想，具有鲜明的独创性。理念是实践的先导。西方确实比我们更早开启了现代化的进程，现代化的理论最早也是由西方人总结归纳的。世界上后发国家一个很重要的共同特征就是想通过学习西方来加快自己国家的现代化进程。但是在学习的过程中常常会陷入一种误区，那就是把现代化等同于西方化。其实，近代中国也曾经走过这样的弯路。中国共产党的成立意味着中国人的精神从被动转为主动，中国的现代化也由过去的被动开始转为主动。中国式现代化理论形成于中国共产党领导的中国现代化建设的独特实践，打破了“现代化=西方化”的思维定式，是我们党领导全国各族人民在长期探索和实践中历经千辛万苦、付出巨大努力取得的重大成果，与中国人民的命运紧紧相连，事关中华民族的前途道路选择，因而是立足中华大地、极富有原创性的理论。中国式现代化蕴含的独特世界观、价值观、历史观、文明观、民主观、生态观等及其伟大实践，是对世界现代化理论和实践的重大创新。

第三，人民性。中国式现代化理论强调逐步实现全体人民的共同富裕，具有鲜明的人民性。人民性是马克思主义的鲜明特征，也是习近平新时代中国特色社会主义思想的根本底色。中国式现代化理论始终坚守人民至上理念，突出现代化方向的人民性。习近平总书记指出：“人民是历史的创造者，是推进现代化最坚实的根基、最深厚的力量。现代化的最终目标是实现人自由而全面的发展。现代化道路最终能否走得通、行得稳，关键要看是否坚持以人民为中心。”[3]在具体的实践中，共同富裕是中国特色社会主义的本质要求，也是一个长期的历史过程。中国式现代化理论强调把实现人民对美好生活的向往，作为现代化建设的出发点和落脚点，着力维护和促进社会公平正义，着力促进全体人民共同富裕，坚决防止两极分化，充分体现出人民至上的原则，体现出以人民为中心的发展理念，最终实现人的全面发展和社会的全面进步。中国式现代化在推进和发展历程中具体贯彻了“坚持以人民为中心”的基本思想，始终将中国人民的幸福安康作为衡量现代化的根本指标，是超越了西方资本逻辑或以资本为中心的现代化，体现的是以人民为中心的现代化。

第四，自主性。中国式现代化理论始终坚持独立自主、自立自强，具有鲜明的自主性。独立自主是中华民族精神之魂，是我们立党立国的重要原则。走自己的路，是党百余年奋斗得出的历史结论。独立自主、自立自强，不是搞封闭，不是坐井观天，不是骄傲自大，不是目空一切。中国式现代化走和平发展道路，不走一些国家通过战争、殖民、掠夺等方式实现现代化的老路。我们坚定站在历史正确的一边，站在人类文明进步的一边。我们在深度参与全球产业分工和合作、用好国内国际两种资源、不断拓展现代化的发展空间的基础上，始终坚持把国家和民族发展放在自己力量的基点上，坚持把我国发展进步的命运牢牢掌握在自己手中。

第五，开放性。中国式现代化理论直面中国现代化发展中的一系列新实践、新问题、新情况，具有鲜明的开放性。推进中国式现代化是一项探索性事业，还有许多未知领域，需要我们在实践中胸怀天下、海纳百川、包容万千。中国式现代化是世界现代化的重要组成部分，世界现代化“化”中国，中国式现代化也“化”世界。双方在互化的过程中不断提高相互认知，不断加强相互合作，不断推动人类文明的进步。我们高举和平、发展、合作、共赢旗帜，在坚定维护世界和平与发展中谋求自身的发展，又以自身发展更好地维护世界和平与发展。中国这条大船一定要在人类的公海上迎接人类文明的八面来风，中华健儿一定要在奥林匹克运动场上强身健体。我们要弘扬伟大建党精神，自信自强、守正创新、踔厉奋发、勇毅前行，通过改革创新的大胆探索，推动中国式现代化事业的发展。由此，中国式现代化理论必然始终保持开放进取的理论态度，深刻彰显出马克思主义理论的开放性特征。

第六，民族性。中国式现代化理论强调更有基于自己国情的特色，具有鲜明的民族性。中国式现代化既有各国现代化的共同特征，也有与西方现代化的明显区别，更有基于自己国情的特色，是富有中国特色、民族特征的现代化道路。党的二十大报告强调，中国式现代化是中国共产党领导的社会主义现代化。这实际上就鲜明地揭示了中国式现代化的本质问题。中国式现代化是人口规模巨大的现代化、是全体人民共同富裕的现代化、是物质文明和精神文明相协调的现代化、是人与自然和谐共生的现代化、是走和平发展道路的现代化。这五个方面的中国特色，要求中国式现代化从我国的实际情况出发。我国 14 多亿人口要整体迈进现代化，其艰巨性和复杂性前所未有，发展途径和推进方式也必然具有自己的特点。我们强调中国式现代化是物质文明和精神文明相协调的现代化，因此要特别把握好两者之间的关系，物质贫困不是社会主义，精神贫困也不是社会主义，我们要不断厚植现代化的物质基础，同时还要大力发展先进文化、传承中华文明。这深刻揭示了中国式现代化的科学内涵，充分展示出中国式现代化理论之于我们国家与民族的独特性。

第七，实践性。中国式现代化理论随着实践的不断丰富而不断发展，具有鲜明的实践性。近代历史表明，探索中国现代化道路的重任，历史性地落在了中国共产党身上。新民主主义革命时期，我们党团结带领人民为实现现代化创造了根本社会条件。社会主义革命和建设时期，我们党团结带领人民为现代化建设奠定了根本政治前提和理论基础。改革开放和社会主义建设新时期，我们把党和国家工作重点转移到现代化建设上来，转移到经济建设上来，做出了改革开放的历史性决策，为中国式现代化提供了新的充满活力的体制保障和快速发展的物质条件。党的十八大以来，我们党推动党和国家事业取得历史性成就、发生历史性变革，成功推进和拓展了中国式现代化。各个历史时期的探索赋予中国式现代化理论以鲜明的实践性特征，即随着实践发展理论不断深化。

第八，系统性。中国式现代化理论内在要求统筹兼顾、系统谋划、整体推进，具有鲜明的系统性。系统观念是马克思主义的基本观点。我国是一个发展中大国，仍处于社会主义初级阶段，要想大力推进中国式现代化，就要加强前瞻性思考、全局性谋划和整体性推进。中国式现代化理论在正确处理顶层设计与实践探索、战略与策略、守正与创新、效率与公平、活力与秩序、自立自强与对外开放等一系列重大关系并深化发展的同时，做到了远近结合、上下贯通、内容协调。我们要善于通过历史看现实、透过现象看本质，把握好全局和局部、当前和长远、宏观和微观、主要矛盾和次要矛盾、特殊和一般的关系，不断提高战略思维、历史思维、辩证思维、系统思维、创新思维、法治思维、底线思维能力，为中国式现代化事业提供科学思想方法。

第九，科学性。中国式现代化理论为全面建成社会主义现代化强国、实现中华民族伟大复兴指明了方向，具有鲜明的科学性。中国式现代化理论深刻揭示了新时代新征程中国共产党的使命任务，明确了中国式现代化的本质要求、发展战略和宏伟蓝图，强调高质量发展是全面建设社会主义现代化国家的首要任务。全面建成社会主义现代化强国总的战略安排是分两步走：从 2020 年到 2035 年基本实现社会主义现代化；从 2035 年到本世纪中叶把我国建成富强民主文明和谐美丽的社会主义现代化强国。实践证明，中国式现代化走得通、行得稳，是强国建设、民族复兴的唯一正确道路，既创造了经济快速发展和社会长期稳定的奇迹，又为中华民族伟大复兴开辟了广阔前景。中国式现代化理论是被历史与实践证明了的科学的理论，在其科学性得到印证的过程中充分彰显了思想智慧和理论力量。

第十，世界性。中国式现代化理论借鉴吸收一切人类优秀文明成果，具有鲜明的世界性。中国式现代化强调把马克思主义基本原理同中国具体实际相结合、同中华优秀传统文化相结合，体现了科学社会主义的先进本质。同时，它借鉴吸收一切人类优秀文明成果，代表着人类文明进步的发展方向，展现了不同于西方现代化模式的新图景，创造了人类文明新形态，而且是一种全新的人类文明形态；证明了人类文明具有多样性，拓展了发展中国家走向现代化的路径选择，为广大发展中国家独立自主迈向现代化树立了典范，为人类对更好的社会制度的探索提供了中国方案；其和平性特别明显，彰显了新时代中国共产党人为世界谋大同的新现代化观。换言之，中国式现代化在推动文明交流互鉴、促进人类文明进步的过程中，不仅倡导弘扬了全人类共同价值，而且为人类社会的交流合作、和平进步提供了新的可能，更是创造了人类文明新形态，实现了在携手同行现代化之路中，将实现中华民族伟大复兴的伟大梦想与全人类的前途命运紧密相连，共同推动人类社会现代化进程迈过历史的十字路口。

## 三、以中国共产党的现代化建设引领构建中国式现代化的自主知识体系

政党现代化建设是世界政党发展进步的大潮流，也是现代政党提升执政能力、巩固执政地位的必由之路。正如中国式现代化深刻影响着世界现代化的进程一样，中国共产党的现代化建设正在给世界政党现代化建设带来巨大的影响，使世界政党政治舞台上呈现出一种前所未有的场景：即无论西式政党如何改进和调适这架“感召”民众的政治机器，无论把现代化的意识形态技术手段发挥到如何极限，都仍然无法摆脱社会政治整体衰退的趋势；而立党为公、为人类自由解放而奋斗的中国共产党，百余年来却风华正茂，受人民衷心拥戴，正以昂扬姿态带领中国人民在民族复兴道路上阔步前进。也就是说，有了中国共产党这样的马克思主义政党的存在，政党的政治效能就可以在更高的层级上展开，政党政治现代化潮流就具有了全新的面向。今天，是到我们要在全新的理论视野下重新思考中国共产党现代化建设的特质和意义的时候了。中国共产党的现代化建设，具有共产党的本质特征，更具有显著的中国特色，主要包括以下六个方面：

第一，中国共产党是创新型政党，中国共产党的现代化建设坚持系统观念，以创新理论体系构建为思想基础。马克思主义政党尤其强调政治上、思想理论上的创新性和先进性，重视党的创新理论武装，始终致力于将真理力量转化为人格力量，将批判的武器转化为物质力量。《共产党宣言》指出，共产党人“胜过其余无产阶级群众的地方在于他们了解无产阶级运动的条件、进程和一般结果”[4]，在实践方面“是各国工人政党中最坚决的、始终起推动作用的部分”[5]。中国共产党要求党员干部要善于带领群众、激励群众，调动广大人民群众的积极性、主动性和创造性，而不能做群众的尾巴，不搞一味迎合的那一套，更不能采取欺骗、愚化民众的手法，而是要站在历史正确的一边，用先进的思想理论来武装、教育大众，担当使命。习近平新时代中国特色社会主义思想回答了中国之问、世界之问、人民之问、时代之问，与马列主义、毛泽东思想、邓小平理论、“三个代表”重要思想、科学发展观一脉相承，开辟了马克思主义中国化时代化的新境界。

第二，中国共产党是服务型政党，中国共产党的现代化建设坚持人民至上、全心全意为人民谋幸福。《共产党宣言》指出，“无产阶级的运动是绝大多数人的，为绝大多数人谋利益的独立的运动”[6]，没有自己的私利，不是为个人或者少数人奋斗，强调共产党人进行一切重大历史实践活动都植根于人民立场之上。在中国政治传统中主张“政者正也”“道不同不相为谋”“道并行而不悖”。中国共产党坚持人民至上，坚持人民性与党性的统一，从来不代表任何利益集团、任何权势团体、任何特权阶层的利益；强调人民是目的，不是手段；认为人

民是党的生命之本、力量之源；必须立党为公，为人民掌好权用好权。绝对忠诚于人民，全心全意为人民服务，始终是中国共产党最鲜明的政治本色。

第三，中国共产党是学习型政党，中国共产党的现代化建设坚持守正创新、开放包容、博采众长。重视学习、善于学习，保持全面开放态度，善于用人类文明的一切积极成果武装头脑，是中国共产党人的必修课。作为马克思主义学习型政党，中国共产党尊重不同国家的历史文化背景，尊重各国人民在特定时期的政治选择，积极发展同世界各政党的党际交流，勇于汲取世界政党一切进步经验，尝试一切有利于实现人民更广泛自由、更实在民主的方法，把政党作为学习型组织来锻造。

第四，中国共产党是自觉型政党，中国共产党的现代化建设坚持自信自立，以自我革命引领社会革命。党的二十大向全世界庄严宣告，经过不懈努力，党找到了自我革命这一跳出治乱兴衰历史周期率的第二个答案路径，党自我净化、自我完善、自我革新、自我提高能力显著增强。以自我革命引领社会革命，在改造客观世界的进程当中改造主观世界，使中国共产党人在全面从严治党的实践中，自觉进行党性锤炼，确保政治品格不变质、党的优良作风延续传承，始终保持永不懈怠的精神状态和一往无前的奋斗姿态。世界上还没有其他政党能做到这一点，甚至他们都不敢相信自己可以做到这一点。在许多其他政党的眼里，政治活动只是一项技术性的工作，政治操守不是自身可以解决的问题。政治的正义和纯洁可以通过自信自立自省自警自励把握在自己手里。人间正道，从根本上讲，靠自律还是他律，是用“心”还是用“术”，这是政党不能回避的问题。如果不能自信，就只能他信。总有人，宁肯相信尺码，也不相信自己的脚。但是，中国文化的传统，就在于自信自立。

第五，中国共产党是实践型政党，中国共产党的现代化建设坚持问题导向，以大无畏的革命精神推动发展。坚持问题导向是马克思主义的鲜明特点。马克思主义政党是着眼于改造世界、不断把人民对美好生活的向往变成现实的政党，从来都是从不完善和需要改进的一面考察事物，以彻底的批判性和革命性介入社会现实。习近平强调：“众所周知，每个时代总有属于它自己的问题，只要科学地认识、准确地把握、正确地解决这些问题，就能够把我们的社会不断推向前进。”[7]新时代，中国共产党把问题作为研究制定政策的起点，把工作的着力点放在最突出的矛盾和问题上，把化解矛盾、破解难题作为打开局面的突破口，彰显了鲜明的问题意识、问题导向，展现出强烈的担当精神、斗争精神。在中国共产党人的字典里，从来都是英雄宣言：明知山有虎，偏向虎山行；自讨苦吃，以苦为乐；愈挫愈奋，越是艰险越向前；不相信有战胜不了的敌人、克服不了的困难、完成不了的任务。这与世界上有些政党回避社会矛盾，不敢承担责任、面对非议，明哲保身、处处算计，跟在时代后面亦步亦趋，截然不同。

第六，中国共产党是使命型政党，中国共产党的现代化建设坚持胸怀天下，始终坚定理想信念、牢记初心使命。马克思主义政党最强调自信自立，最强调自己的路自己走、自己的理自己找、自己的命自己造，对于自己认定和选择的道路，抱有极强的信念。中国儒学传统认为，“天命之谓性，率性之谓道”。中国共产党人相信，自己的前途和命运必须牢牢掌握在自己手里，自己的使命和初心不能改变，而初心使命是党性的集中体现。因此，中国共产党在政权问题、政治方向问题上从不含糊。为人民掌好权用好权，为人民谋幸福、为民族谋复兴、为人类谋大同，是中国共产党人的本分和天职。作为使命型的政党，中国共产党的使命自觉，是最根本最强大的动力源泉。中国共产党人对方向的执着和坚定，都是其他政党不可比拟的。

## 四、构建中国式现代化的自主知识体系需要回答的时代问题

马克思、恩格斯指出：“一切划时代的体系的真正的内容都是由于产生这些体系的那个时期的需要而形成起来的。”[8] 构建中国式现代化的自主知识体系以马克思主义中国化“两个结合”为方法科学回答了中国之问、世界之问、人民之问、时代之问，体现了鲜明的以人民为中心的价值立场；强化问题导向、问题意识，在胸怀天下、海纳百川中有针对性地回应国际社会的关注与疑虑。

第一，努力建构中国式现代化的自主知识体系，要发挥马克思主义中国化“两个结合”的引领性作用，为中国式现代化沿着正确的方向前进提供理论支撑。只有理论上的坚定，实践才能一往无前。要坚持把马克思主义基本原理同中国具体实际相结合、同中华优秀传统文化相结合，立足中华民族伟大复兴战略全局和世界百年未有之大变局，不断推进马克思主义中国化时代化，努力建构中国式现代化的自主知识体系。坚持以马克思主义为指导，最重要的就是坚持以习近平新时代中国特色社会主义思想为指导，并将之贯彻于中国式现代化自主知识体系的各个学科与建构的全部过程，实现这一重要思想贯穿哲学社会科学研究和教学各环节，坚持为人民做学问的理念，立时代潮头，通古今变化，发思想先声，繁荣中国学术，发展中国理论，传播中国思想。因此，我们要利用当前大好的机遇，坚持以习近平新时代中国特色社会主义思想为指导，构筑马克思主义学术队伍，加强马克思主义学术功底，构建无愧于我们这个时代的中国式现代化的自主知识体系。

第二，努力建构中国式现代化的自主知识体系，要贯彻以人民为中心的价值立场，彰显中国式现代化的本质要求和重大原则。中国式现代化，为理论创新特别是哲学社会科学的繁荣发展提供了深厚基础与广阔空间。党的二十大报告提出中国式现代化的本质，是中国共产党领导的社会主义现代化。中国式现代化既有各国现代化的共同特征，更有基于自己国情的中国特色。中国式现代化，是人口规模巨大的现代化，是全体人民共同富裕的现代化，是物质文明和精神文明相协调的现代化，是人与自然和谐共生的现代化，是走和平发展道路的现代化。这就是说，中国式现代化是中国共产党带领人民独自探索出来的，不是西方的恩赐，不是苏联模式的翻版，也不是从教科书上抄来的，而是符合中国国情的发展道路，是具有自

主知识产权的道路，是具有自主知识体系的道路。党的二十大报告提出了中国式现代化的本质要求和重大原则，说到底也是要落实人民至上和以人民为中心的价值立场。这是我们跟西方以资本为中心现代化的本质区别。努力建构中国式现代化的自主知识体系，也要把握好这个本质要求和重大原则。

第三，努力建构中国式现代化的自主知识体系，要强化问题导向、问题意识，努力破解中国式现代化前进中的重大理论和实践难题。问题是时代的声音，回答并指导解决问题是理论的根本任务。中国式现代化的自主知识体系能不能建构起来，很大程度上取决于这个自主知识体系能不能解决中国大地上的问题，并在解决中国大地上的问题中绽放绚丽的光彩。我们要增强问题意识，聚焦实践遇到的新问题、改革发展稳定存在的深层次问题、人民群众急难愁盼的问题、国际变局中的重大问题、党的建设面临的突出问题，不断提出真正解决问题的新理念新思路新办法。努力建构中国式现代化的自主知识体系，需要哲学社会科学工作者脚踏实地，研究中国的现实问题，推动中国现实问题在前进中解决。可以说，建构中国自主的知识体系实际指向了中国之问、世界之问、人民之问、时代之问，内在彰显了中国之路、中国之治、中国之理，是事关党和国家全局性、根本性、关键性的重大问题。这些重大问题都需要我们观照、关怀，如果我们讨论得好、解决得好，对于推动国家进步、实现民族复兴都具有重要意义。

第四，努力建构中国式现代化的自主知识体系，要胸怀天下、海纳百川，要有针对性地回应国际社会的关注与疑虑。中国式现代化为中国人民谋幸福、为中华民族谋复兴，同时也为人类谋进步、为世界谋大同。中国式现代化是影响21世纪全球的开创性事业，我们要以海纳百川的宽阔胸襟，吸收借鉴人类一切优秀文明成果，推动建设更加美好的世界。因此，坚持开放不搞封闭，从人类社会发展大潮流、世界变化大格局、中国发展大历史的视野，正确认识和处理同外部世界的关系就成为时代呼唤。然而在国际话语场上，中国还存在明显的“话语赤字”，在西方话语霸权下，在有些时候和有些重大问题上，中国的声音会被恶意掩盖、歪曲，中国式现代化的发展优势还没有营造出国际话语优势。中国式现代化话语在国际舞台上自立自强，事关道路自信和文化主权。我们要高度重视加强世界性议题的设置，积极引导、主导“涉中”议题，提升对外交流的理论和学术含量，增强中国话语的亲和力和公信力。我们要拓展世界眼光，深刻洞察人类发展进步潮流，积极回应各国人民普遍关切，用中国式现代化的发展优势营造出国际话语优势，讲好中国故事，传播好中国声音，为解决人类面临的共同问题作出更大贡献。

第五，努力建构中国式现代化的自主知识体系，需要不断创造和完善人类文明新形态，努力建设中华民族现代文明。对历史最好的继承就是创造新的历史，对人类文明最大的礼敬就是创造人类文明新形态。2023年6月，在文化传承发展座谈会上，习近平强调指出：“文化关乎国本、国运。这段时间，我一直在思考推进中国特色社会主义文化建设、建设中华民族现代文明这个重大问题。”[9] “在新的起点上继续推动文化繁荣、建设文化强国、建设中华民族现代文明，是我们在新时代新的文化使命。”[10]建设中华民族现代文明，是时代的呼唤、党和国家的需要、中华民族的期盼。建设中华民族现代文明，必须坚定文化自信，坚持走自己的路，用中国道理总结好中国经验，把中国经验提升为中国理论，实现精神上的独立自主。建设中华民族现代文明，必须秉持开放包容，更加积极主动地学习借鉴人类创造的一切优秀文明成果，为理论和制度创新奠定更加坚实的文化基础。建设中华民族现代文明，必须坚持守正创新，赓续历史文脉，构筑中国精神、中国价值、中国力量、中国尊严，激发全民族文化创新创造活力，增强实现中华民族伟大复兴的精神力量。

### 参考文献

[1] 习近平在中国人民大学考察时强调 坚持党的领导传承红色基因扎根中国大地 走出一条建设中国特色世界一流大学新路 [N]. 人民日报，2022-04-26 (1).

[2] 习近平. 在哲学社会科学工作座谈会上的讲话 [N]. 人民日报，2016-05-19 (2).

[3] 习近平. 携手同行现代化之路——在中国共产党与世界政党高层对话会上的主旨讲话 [N]. 人民日报，2023-03-16 (2).

[4] [5] 马克思恩格斯文集（第2卷）[M]. 北京：人民出版社，2009：44.

[6] 马克思恩格斯文集（第2卷）[M]. 北京：人民出版社，2009：42.

[7] 习近平. 之江新语 [M]. 杭州：浙江人民出版社，2007：235.

[8] 马克思恩格斯全集（第3卷）[M]. 北京：人民出版社，1960：544.

[9] 习近平. 在文化传承发展座谈会上的讲话 [J]. 求是，2013 (17)：5.

[10] 习近平. 在文化传承发展座谈会上的讲话 [J]. 求是，2013 (17)：10-11.

# 生态现代化·“两山”理念·“八八战略”

□ 贾卫列[1,2]
（1. 北京生态文明工程研究院，北京，101117；
2. 湖州师范学院，“两山”理念研究院，湖州，313000）

**摘　要**：生态现代化是人类文明发展新时期的现代化，是在工业现代化后的一场全球生态文明建设运动。浙江省通过“八八战略”的实施，积极践行“绿水青山就是金山银山”理念，谱写了生态文明建设的美丽篇章。

**关键词**：生态文明；生态文明建设；生态现代化；“八八战略”；“两山”理念；生态复兴

现代化对文明的延续有决定性的作用。生态现代化是人类文明发展新时期要经历的现代化，是继人类社会的第一次现代化——工业现代化后的全球生态文明建设运动，兴起于中国的生态文明建设就是一场“生态复兴”。

## 一、对生态文明和生态文明建设的认识

生态文明是人类在适应自然，利用自然过程中建立一种人与自然共生和谐为基础的生存与发展方式。它包括三层含义：

一是人类文明发展的新时代。生态文明就是在农业文明和工业文明的基础上，人类（地球）文明的新形态，生态文明作为一种地球上的新文明范型和向星际文明转化的形态，它把人类带出了“蒙昧时代”进入真正意义上的“文明时代”。人类文明发展到今天，以“工具”为标准的分类法必须舍弃。新的文明必须以“生命”作

* 作者简介：贾卫列，北京生态文明工程研究院副院长、湖州师范学院“两山”理念研究院研究员。
本文为作者在第二届“绿水青山就是金山银山”理念湖州论坛暨国际研讨会上的主旨发言。

为标准，这里的“生命”不仅指人的生命，还指更广阔意义上的宇宙本身及其宇宙中所有具有生命体的“生命”，人类要走向的生态文明就是以“生命”为中心的文明。

二是社会进步的新的发展观——生态文明观。生态文明观是指以自然、生命和共同体为中心，人类处理身与心（我与非我、心灵与宇宙）的关系、人与自然关系以及由此引发的人与人的关系、自然界生物之间的关系、人与人工自然的关系的基本立场、观点和方法，是在这种立场、观点和方法指导下人类取得的积极成果的总和。生态文明观是一种超越工业文明观、具有建设性的人类生存与发展意识的理念和发展观，从人类以自我为中心转向以人类社会与自然界相互作用为中心建立生态化的生产关系。生态文明观的核心内容是“共生和谐”。

三是一场席卷全球的生态现代化运动——生态文明建设。“生态文明建设”是生态文明大系统中的重要方面，它是在生态文明观指导下人类迈向生态文明社会的实践层次和活动。未来，生态文明建设将是一场以生态公正为目标、以生态安全为基础、以新能源革命为基石、以现代生态科技为技术路线、以绿色发展为路径的全球生态复兴。绿色发展是建设生态文明的必由之路，是生态文明建设的发展模式和路径，当前通过生态文明的气候建设、环境建设、经济建设、政治建设、文化建设、科技建设、社会建设，引导人类真正走向持续生存和永续发展的光明大道。生态文明的核心问题是全球生态文明观的确立。

## 二、“八八战略”与区域生态现代化

区域生态文明建设作为生态文明建设的基本框架之一，就是在各区域大力推进生态现代化的进程。作为“绿水青山就是金山银山”理念的发源地和率先实践地的浙江省，近20年坚持一张蓝图绘到底，通过生态文明示范创建，谱写了生态文明建设的美丽篇章。

2003年7月，浙江省提出了“八八战略”这是浙江省面向未来发展的八项举措，即进一步发挥八个方面的优势、推进八个方面的举措。

第一，进一步发挥浙江的体制机制优势，大力推动以公有制为主体的多种所有制经济共同发展，不断完善社会主义市场经济体制。这一战略完美诠释了浙江省在区域生态文明政治建设中的实践。

第二，进一步发挥浙江的区位优势，主动接轨上海、积极参与长江三角洲地区交流与合作，不断提高对内对外开放水平。这一战略完美诠释了浙江省在区域生态文明经济建设中的实践，优化国土空间开发格局。

第三，进一步发挥浙江的块状特色产业优势，加快先进制造业基地建设，走新型工业化道路。这一战略完美诠释了浙江省在区域生态文明经济建设、环境建设中的实践，发展绿色产业、加强环境治理、调整产业结构。

第四，进一步发挥浙江的城乡协调发展优势，统筹城乡经济社会发展，加快推进城乡一体化。这一战略完美诠释了浙江省在区域生态文明经济建设中的实践，进一步推进区域协调发展。

第五，进一步发挥浙江的生态优势，创建生态省，打造"绿色浙江"。这一战略完美诠释了浙江省在区域生态文明环境建设中的实践，加快生态保护修复的进程、维护区域生态安全。

第六，进一步发挥浙江的山海资源优势，大力发展海洋经济，推动欠发达地区跨越式发展，努力使海洋经济和欠发达地区的发展成为浙江省经济新的增长点。这一战略完美诠释了浙江省在区域生态文明经济建设中的实践，开发和保护海洋、推动区域协调发展。

第七，进一步发挥浙江的环境优势，积极推进基础设施建设，切实加强法治建设、信用建设和机关效能建设。这一战略完美诠释了浙江省在区域生态文明环境建设、经济建设、政治建设、社会建设中的实践，加强环境基础设施建设，建设法治浙江、信用浙江、数字浙江。

第八，进一步发挥浙江的人文优势，积极推进科教兴省、人才强省，加快建设文化大省。这一战略完美诠释了浙江省在区域生态文明文化建设、科技建设、社会建设中的实践，建设人文浙江、创新浙江、和谐浙江。

## 三、"两山"理念与生态现代化

"既要绿水青山，也要金山银山。宁要绿水青山，不要金山银山，而且绿水青山就是金山银山"，这一理念引导着我国区域生态文明建设的实践，使得浙江省持续推进生态文明建设先行示范，建成全国首个生态省，"千村示范、万村整治"工程获联合国"地球卫士奖"。

"既要绿水青山，又要金山银山"就是正确处理环境与发展的关系，这是"绿水青山就是金山银山"理念对环境和发展问题的在新时代的科学定义。在生态文明的语境下，"绿水青山是生存之本，金山银山是发展之源"，经济发展和生态环境保护是生态文明建设不可分割的内容。只有坚持人与自然共生和谐的理念，在此基础之上生存和发展，就能使"绿水青山"和"金山银山"成为推动生态文明建设的两个巨大动力源。在实现"绿水青山"常在的同时，通过打造绿色国土空间开发格局、融通城乡、保护和开发海洋，发展低碳经济改变能源结构，推进清洁生产和节能减排降低投入减少排放，发展循环经济充分利用资源，倡导共享经济节约资源，发展生物经济促进人与自然共生和谐，发展数字经济优化资源管理，加快绿色经济产业的发展步伐。

"宁要绿水青山，不要金山银山"就是正确处理生存与发展的关系，这是"绿水青山就是金山银山"理念对生存和发展问题的科学判断。良好的生态环境和充沛的自然资源是人类生存的首要条件，人类离开了清新的空气、洁净的饮水、生态的土壤以及大自然提供的资源，一刻也不能生存，发展更是无从谈起。生存是基础，发展对生存具有重大意义，人类要生存就必须用正确的方式发展，在生存的基础上发展，在发展中求生存。它彻底否定破坏生态环境的 GDP，正确处理好生存和发展关系。

"绿水青山就是金山银山"就是正确处理生态与财富的关系，这是"绿水青山就是金山银山"理念对生态与财富、增长问题的重新定义。

自然资源、生态环境、生态产品作为一种经济资源，人类可以通过开发利用转化为金山银山。只有实现生态经济化和经济生态化的有机统一，才能提高整个生态圈的生产能力、消费能力与还原能力，这是“绿水青山就是金山银山”的更深一层含义。

## 四、生态现代化与生态复兴

工业现代化带来了全球的资源短缺、生态破坏和环境污染。联合国发布的《2022年可持续发展目标报告》指出，全球性危机交织叠加使得到2030年实现可持续发展目标出现了极大不确定性。联合国官员也明确表示2030年议程时间表已经过半，但实际中还没有完成一半的任务。联合国发布的《2022年可持续发展报告》认为，全球可持续发展目标的进展停滞不前。包括联合国所属的相关国际组织和其他国际机构也纷纷发表报告，对2030年实现可持续发展目标表示出极大的担忧。联合国秘书长古特雷斯呼吁推出由20国集团牵头的可持续发展目标刺激计划。可以说，工业文明发展到今天也开始步入“瓶颈期”，这是“文明瓶颈”的现象。由于工业文明发展的全球性，工业代谢型生态危机在全球不同地区重复，人类不可能像农业文明一样换一个地方去重建，要突破这一“瓶颈”，必须使人类社会再次现代化。

生态文明建设运动发生在中国的原因与工业文明的发展密切相关。西方国家借助于工业现代化把人类带进工业文明时代，经济的全球化使地球成为一个地球村，在工业文明发展到一定阶段后，发达国家通过工业污染的转移和领先的科技维持自身生存的良好环境，他们没有生存威胁的内在压力，就是来自于外部的压力也可以利用其经济、科技实力予以化解。一些不发达国家生态环境本身就不是太好，部分国家还没有经历现代化的洗礼，工业化尚都难以为继。内外的环境变化使得中国必须再度现代化，建设生态文明。

当前，要建设迈向生态复兴的生态化主要包括七个方面：一是气候的宜人化。气候变化是人类面临的最严峻挑战，人类社会的现代化遵循《巴黎协定》规定的将全球平均气温升幅较工业化前水平控制在显著低于2℃的水平并向升温较工业化前水平控制在1.5℃努力的目标。二是环境的持续化。加强环境治理和生态保护修复，维护生态安全，实现天蓝、地绿、水清，是人类社会生存的基础，还自然以宁静、美丽是现代化的必然要求。三是经济的绿色化。经济的生态转型就是打造绿色国土开发格局，推进绿色经济发展，大力发展绿色产业。四是政治的法治化。政治的生态转型是现代化的必然要求，依法治理环境和管理资源，参与全球治理，是现代化根本保障。五是文化的生态化。构建全新的生态文化，实现观念的生态转型，才能在更高层次上实现对自然法则的尊重和回归。六是科技的创新化。实现技术的生态转型，使用具有生态价值取向意义的科学技术成为具有保持基因、保持人类持续发展的伦理意义上的第一生产力。七是社会的和谐化。实现社会和消费的生态转型，构建资源节约、环境友好型社会，保障人类发展同自然的和谐、人与人的和谐，从而践行生态正义、推进生态公正、实现社会公平。

综上所述，如果说发生于欧洲的文艺复兴"推动了世界文化的发展，促进了人民的觉醒，开启了现代化征程"，那么新的历史时期的全球生态文明建设，就是人类走向未来历史进程中的生态复兴，它将揭开世界图景的重构、生存理念的转变、发展模式的再造的序幕。

# “两山”理念下的自然资源资产管理*

□ 贾文龙　范振林　苏子龙　郭　妍
（中国自然资源经济研究院，北京，101149）

**摘　要**：“绿水青山就是金山银山”理念是习近平生态文明思想的核心内容和标志性论断，其实质就在于找到了绿水青山向金山银山转化的有效路径，也已经成为我国生态文明建设和绿色低碳发展的思想灵魂和根本遵循。本文介绍了“两山”理念的内涵外延，进一步明确了自然资源资产管理助推“两山”转化的路径，最后从自然资源领域生态产品价值实现机制和模式进行了论述。

**关键词**：“两山”理念；自然资源资产管理；绿色低碳发展

“绿水青山就是金山银山”（简称“两山”）的重要论述，深刻揭示了生态环境保护与经济社会发展之间的辩证统一关系，要求坚持“在保护中发展、在发展中保护”，切实做到经济效益、社会效益、生态效益同步提升。推进“两山”理念落地，推动理论与实践相结合，加强自然资源资产管理，提高自然资源要素保障能力，能够全面拓宽“两山”转化通道和实现路径，为广大人民群众提供更加富足、丰饶的优质生态产品，构建“两山”良性互动的运行机制，实现乡村振兴助推高质量发展，实现人与自然和谐共生的中国式现代化。

## 一、“两山”理念的要义

2005 年 8 月，时任浙江省委书记的习近平同志在浙江省安吉县提出“绿水青山就是金山银山”的重要论述，此后也在多个场合多次提出，经过 18 年的发展，此论

---

* 作者简介：贾文龙，中国自然资源经济研究院副院长。

本文部分内容为作者在第二届“绿水青山就是金山银山”理念湖州论坛暨国际研讨会上的主旨发言。

述已经成为新发展理念的重要组成部分和推进中国式现代化的重大原则。党的二十大报告提出，中国式现代化是人与自然和谐共生的现代化，必须牢固树立和践行“两山”理念，站在人与自然和谐共生的高度谋划发展。

“两山”理念的践行，要充分体现习近平经济思想和习近平生态文明思想，找到两者之间的交集和最大公约数。对于习近平总书记指出的“绿水青山”和“金山银山”这两个概念的科学内涵，应当是一个地区在不破坏生态环境的前提下，通过发展绿色经济和绿色产业来创造更大的经济价值和更可持续的发展，并充分发挥生态产品价值实现的倒逼、引导、优化和促进作用，加快形成绿色发展方式和生活方式，推动经济社会发展绿色化、低碳化。

## 二、自然资源资产管理助推“两山”转化

自然资源资产是人与自然生命共同体的物质基础、空间载体、构成要素和能量来源[1]。自然资源资产管理是生态文明建设和生态文明体制改革的主战场，也是生态产品价值实现的关键手段。自然资源资产管理具有鲜明的战略指向、职责指向、目标指向、价值指向、问题指向，充分体现了人与自然和谐共生基本方略，以及山水林田湖草沙生命共同体理念对自然资源利用和生态整体保护、系统修复、综合治理的内在要求，为实现自然资源治理体系和治理能力现代化、建设美丽中国提供动力支撑和制度保障。

从立足自然资源资产与生态产品的耦合关系入手，自然资源部门在“两统一”① 职责下开展的委托代理、资产清查、资产负债表编制，以及健全国有自然资源资产管理情况专项报告等工作，与生态产品的生产、分配、交换（交易）和价值实现等环节密切相关，为生态产品的生产和交易提供了最基本的物质基础和空间保障。自然资源部门是生态产品价值实现的积极引领者、制度供给者和重要管理者。

### （一）健全全民所有自然资源资产委托代理机制

2022年，中共中央办公厅、国务院办公厅印发了《全民所有自然资源资产所有权委托代理机制试点方案》，全民所有自然资源资产所有者职责为主张所有、行使权利、履行义务、承担责任、落实权益。

其中，主张所有是履行所有者职责的前提和基础，主要包括摸清全民所有自然资源资产家底、开展资产清查和资产合作等相关工作。行使权利是履行所有者职责的核心，主要是着力实现全民所有自然资源资产所有权的物权权能。履行义务是履行所有者职责的基本要求，所有者及其代理人在处置、配置全民所有自然资源资产时要符合国土空间规划和用途管制要求，并且节约资源、保护环境，保障自然资源的合理利用。承担责任是履行所有者职责的应有之义，国务院或者其委托的部门应该向全国人大常委会报告全口径国有自然资源资产情况

① “两统一”：统一行使全民所有自然资源资产所有者职责；统一行使所有国土空间用途管制和生态保护修复职责。

以及管理状况。落实权益是履行所有者职责的落脚点，主要是落实资产管护，实现资产的保值增值，维护所有者权益。

**（二）深化自然资源资产清查**

以往的自然资源调查评价工作主要是摸清自然资源的家底，第三轮自然资源资产清查主要是摸清自然资源资产的实物量和价值量家底。

目前，针对资产清查试点工作，已经开展了大量的研究与探索，包括统一自然资源资产价格内涵，建立国有自然资源资产清查价格体系，实现价格体系横向可比和成果矢量化。研究形成了涵盖具体流程和方法的清查技术指南，制定了建设用地、农用地、储备土地、矿产、森林、草原、海洋7种资源资产清查在内的14项标准等。

**（三）编制全民所有自然资源资产负债表**

党的十八届三中全会提出，要探索编制自然资源资产负债表，这是自然资源部门的重要职责之一，也是一项全新的工作，探索性更强。近几年的主要工作是推进全民所有自然资源资产负债表的编制试点，在全国组织试点地区培训，开展试点成果数据分析，开展自然资源资产负债表编制的理论研究、负债表编制平台的研究与应用等探索性工作，难度非常大，有待于继续深化探索。

**（四）健全国有自然资源资产管理情况专项报告**

国有自然资源资产管理情况专项报告是国有资产管理情况四项专项报告之一，其余专项报告分别涉及金融企业国有资产、行政事业性国有资产、企业国有资产（不含金融企业）。2021年10月，受国务院委托，自然资源部首次向十三届全国人大常委会报告2020年度国有自然资源资产管理情况，主要包括国有自然资源资产基本情况，全面加强自然资源资产管理采取的举措和取得的成效，以及下一步工作考虑。

## 三、自然资源领域生态产品价值实现机制的探索

建立健全生态产品价值实现机制，是实现"两山"转化的关键路径之一。2010年12月，国务院印发的《全国主体功能区规划》中，首次提出生态产品的概念。2021年4月，中共中央办公厅、国务院办公厅印发《关于建立健全生态产品价值实现机制的意见》，为相关工作的开展提供了顶层设计。2022年10月，党的二十大报告中进一步提出建立生态产品价值实现机制，完善生态保护补偿制度，并从推动绿色低碳发展，促进人与自然和谐共生的高度，谋划生态产品价值实现。总的来看，中央有关政策部署和要求，为做好生态产品价值实现指明了方向，提供了根本遵循。

在学术界，生态产品这个概念提出的更早一些。20世纪80年代，生态产品被认为是初级生产者，如通过水土保持措施所得的牧草，以及在不影响森林保护法前提下所获得的树叶和嫩枝条。随着生态文明建设的不断深入，生态产品的内涵从有形、无形转化为狭义生态产品再到广义生态产品。涵盖从生态保护和生态循环角度对其进行定义的纯物质产品，具有公共物品属性的无形产品，以及能够用于满足人们生态需要的东西，包括有形产品和无形产品，其生产能力主要取决于生态资本或自然资源的

存量以及科技在生产中的应用情况[2]。在《全国主体功能区规划》提出生态产品的概念之时，生态产品类似于调节服务，指维系生态安全、保障生态调节功能、提供良好人居环境的自然要素，包括清新的空气、清洁的水源和宜人的气候等，现在已经扩展到广义的生态产品概念。张林波等（2019）指出生态产品是生态系统通过生物生产和与人类生产共同作用为人类福祉提供的最终产品或服务，是与农产品和工业产品并列的，满足人类美好生活需要的生活必需品[3]；国务院发展研究中心研究认为，生态产品是良好的生态系统以可持续的方式提供的满足人类直接物质消费和非物质消费的各类产出[4]；《生态产品总值核算规范》中提出，生态产品是生态系统为经济活动和其他人类活动提供且被使用的货物与服务贡献的概念。目前，生态产品的概念尚无统一的描述，但广义生态产品的概念获得普遍认可，表现为最终产品或服务。

结合理论研究和实践，生态产品主要表现为以下四个基本特征：一是外部性。表现为一方在生产或使用生态产品时令其他方受益或者受损，但后者不需对此付费（受益情形）或受到补偿（受损情形）。二是稀缺性。作为生态产品的生产载体，自然资源的数量和国土空间的容量、承载能力都是相对固定的，其在一定时期内提供的生态产品的数量也是有限的。三是不平衡性。受自然环境和社会经济条件影响，生态产品的生产能力、服务范围和价值实现程度呈现出差异性和不均衡性。四是依附性。表现为生态产品价值的权益归属依附于生产的载体，其价值实现往往依赖于相关载体之间的交易。

生态产品类型的划分目前尚不统一，常见的有按经济特征和供给消费方式和参照生态系统服务两种分类方式。按经济特征和供给消费方式分类有三种：公共性生态产品、准公共性生态产品和经营性生态产品。参照生态系统服务分类常应用于开展生态产品价值实现模式方面的研究，主要分为生态物质产品、调节服务产品以及文化服务产品，常用于生态产品价值的核算，包括一些技术研发工作。

生态产品价值实现的路径模式有多种，大体可以分为政府路径、市场路径，以及政府和市场相结合的路径。就对应的产品分类来讲，政府路径对应的是公共性生态产品，市场路径对应的是经营性生态产品，政府和市场相结合的路径主要对应的是准公共性生态产品。政府路径包括生态补偿模式，市场路径包括生态产业化经营模式，政府和市场相结合的路径主要包括资源环境指标交易、自然资源资产产权交易、生态治理以及价值提升等多种模式。

从2020年开始，自然资源部认真总结国内外成功做法和经验，前后发布四批共43个生态产品价值实现典型案例，涉及生态补偿、资源环境指标交易、自然资源资产产权交易、生态治理以及价值提升等多种价值实现路径，受到社会各界的广泛关注和好评，成为“两山”理念实践探索的“晴雨表”和“风向标”。

浙江省先后有四个案例入选自然资源部发布的典型案例。浙江省余姚市梁弄镇全域土地综合整治促进生态产品价值实现案例、杭州市余杭区青山村建立水基金促进市场化多元化生态保护补偿案例分别入选第一批、第三批《生态产品价值实现典型案例》。浙江省杭州市推动西溪湿地修复及土地储备促进湿地公园型生态产品价值实现案例、湖州市安吉县全域土地综合整治促进生态产品价值实现案例入选第四批《生态产品价值实现典型案例》。余姚市梁弄镇通过实施全域土地综合整治，加大对自然生态系统的恢复和保护力度，推动绿色生态、红色资源与富民产业相结合，发展红色教育培训、生态旅游、会展、民宿等“绿色+红色”产业，将生态优势转化为经济优势，实现了“绿水青山”的综合效益；杭州市余杭区青山村通过与生态保护公益组织合作，探索采用水基金模式进行水源地生态保护及补偿，通过建立水基金信托、基于自然理念开展农业生产、对村民转变生产生活方式所形成的损失进行生态补偿、吸引和发展绿色产业等措施，引导多方参与水源地保护并分享收益，构建了市场化、多元化、可持续的生态保护补偿机制；西溪湿地片区通过多年的统一规划、统一收储、统一修复和统一开发，生态空间不断增加、人居环境不断改善、发展质量不断提高，城市土地生态收储与自然资源资产高效配置所发挥的综合效益日益凸显，探索出一条从“湿地公园”到“湿地公园型城市组团”，再到“公园导向型发展”模式的绿色转型高质量发展之路；安吉县通过全域土地综合整治，优化了生活、生产、生态空间布局，通过流转土地经营权、林地经营权，租赁闲置房屋使用权等方式，推进一二三产业融合发展项目，既保护了生态，显化了山水林田湖等自然资源资产价值，又促进了产业发展和民众增收致富。

## 四、结论与建议

“两山”理念是与时俱进、在实践中不断丰富内涵的科学理论，是一场全面而深刻的发展理念、生产方式、生活方式和消费模式的变革。我们需要在“两山”理念的指引下，将自然资源优势转化为发展优势，坚持将绿色发展、循环发展、低碳发展作为基本途径，促进绿水青山与金山银山的良性循环，综合分析“资源—生态—经济”要素互动机理和效应，以最少的资源消耗支撑经济高质量发展，实现资源好、百姓富、生态美的有机统一，并积极探索、创新实践，加快推进自然资源领域重大改革落地生效。

**参考文献**


[1] 吴太平. 完善自然资源资产管理制度体系　助推美丽中国建设 [N]. 自然资源报，2023-09-27.

[2] 王建平. 发展生态经济的路径选择——从产业和产品的角度 [J]. 中共四川省委党校学报，2006(1)：17-20.

[3] 张林波，虞慧怡，李岱青，等. 生态产品内涵与其价值实现途径 [J]. 农业机械学报，2019，50(6)：173-183.

[4] “生态产品价值实现的路径、机制与模式研究”课题组. 生态产品价值实现：路径、机制与模式 [M]. 北京：中国发展出版社，2019：16-19.

数字科技与可持续发展

# 绿色发展中碳交易困境与对策*

□ 郑洪涛
(北京国家会计学院，北京，100101)

碳交易是温室气体排放权交易的统称，在《京都协议书》要求减排的6种温室气体中，二氧化碳为最大宗。因此，温室气体排放权交易以每吨二氧化碳当量为计算单位。在排放总量控制的前提下，包括二氧化碳在内的温室气体排放权成为一种稀缺资源，从而具备了商品属性。

碳交易是我国与世界实现绿色发展的重要工具与路径，同时也是实现碳达峰与碳中和的“双碳”目标的必经之路，是打造绿色发展与低碳社会的重要交易机制。

## 一、绿色发展的概念与国际经验

绿色发展是以效率、和谐、持续为目标的经济增长和社会发展方式。当前，绿色发展的战略正在被世界各国积极探索、建立与实践，各国通过在制度建设、能源利用、环境保护等方面的努力形成了行之有效的绿色发展机制。发达国家于20世纪下半叶开始了对于建立绿色发展机制的探索与研究，经过几十年的建设，基本形成了集制度体系、发展规划、绿色金融财税、绿色环保技术、生产模式于一体的综合绿色发展机制。

当前，主要发达国家与经济体在绿色发展机制的建设与完善上拥有丰富的经验，欧盟自20世纪70年代起就已经开始探索发展能源、农业、工业、交通、生活等方面的绿色发展机制；美国通过建设法规体系、配套制度与激励政策，建设了本国的绿色发展机制；日本通过“绿色社会”计划的建设大力探索发展本国的绿色发展机制。

---

* 作者简介：郑洪涛，北京国家会计学院教授。
本文为作者在第二届“绿水青山就是金山银山”理念湖州论坛暨国际研讨会上的主旨发言。

### （一）欧盟的绿色发展战略

20世纪70年代，欧盟就提出并实践了"生态优先"的绿色发展理念，经过不断发展，绿色发展战略已逐渐渗透至绿色能源、绿色农业、绿色工业、绿色交通和绿色生活等众多领域。

一是制定绿色发展战略规划。欧盟通过制定战略规划推动绿色经济发展进程。2007年底，欧盟发布了战略能源技术计划的技术路线图。2008年，欧盟27国领导人通过了欧盟2020年碳排放协议，发布了关于交通行业减排的白皮书，对交通绿色化改革方案予以细化。2019年，欧盟新一届委员会出台了《欧洲绿色协定》，以此为欧盟的能源行业提供详细的行动框架。

二是有力的金融支持。欧盟有专门支持环境和资源保护项目的金融机制，截至2013年，欧盟的环境与气候变化计划累计资助了3700多个环境研发与创新项目，为生态建设提供了资金支持。

三是强大的财税政策。2009年3月9日，欧盟委员会宣布将在2013年之前投资1050亿欧元支持欧盟地区的"绿色经济"，主要投资于"绿色能源""绿色电器""绿色建筑""绿色交通""绿色城市"（包括废品回收和垃圾处理）等产业的系统化和集约化，推动欧盟成员国环保产业的发展，提高技术创新能力并落实各项相关的环保法律和法规。

### （二）美国的绿色发展战略

美国的绿色经济发展起步较早，发展机制较为完善，但是近年来美国在绿色发展道路上停滞不前，对国际节能减排计划反应冷淡。虽然2001年退出了《京都议定书》，2017年退出了《巴黎协定》，但美国仍然具有完善的绿色法规体系、有效的税收政策引导和相关的配套制度。

一是完善的绿色法规体系。法制化建设是美国市场经济的典型特征，也是其绿色经济发展中的一大亮点。20世纪60年代以来，美国国会出台了大量环境立法，如《国家环境政策法》《清洁空气法案》《清洁水法案》等，使法律制度成为激励和约束绿色经济发展的重要手段。

二是有效的税收政策引导。税收优惠和惩罚措施是美国推动绿色发展的重要机制，其环境税涵盖各个层面与领域，以资源税系和环境税系为核心，同时实施污染高耗能的惩罚税种与鼓励清洁能源发展的税收支持政策。

三是相关的配套制度支持。美国实施生产者责任延伸制度，要求生产者在产品生产、流通和消费全过程中，增加环保设备和技术的投入，对污染排放进行初始处理。同时，美国还实行环境纠纷解决替代机制，通过环境公益诉讼维护公共环境权益。

美国的绿色发展首先靠的是统一的规则，其次是发展金融，最后是财税体系的支持和发展。

### （三）日本的绿色发展战略

日本大力实施"绿色社会"计划，绿色社会建设不仅是一种新的尝试，还是一场全国民众共同参与的行动，以引爆"绿色革命"和创造"绿色世界"。

一是支持绿色生产技术发展。日本先后提出了"新能源开发计划""节能技术开发计划"与"新阳光计划"，利用产学研的方式开发探索绿色能源的采购、输送、储存和有效利用技术，拥有了先进的燃料电池、二氧化碳固定和存储技术。

二是绿色GDP核算制度。绿色GDP计算了经济发展导致环境污染、资源损耗和生态破坏的损失或成本，日本是率先实行的国家之一，从整体上为绿色发展战略提供了经济数据的依据。

三是实行“碳足迹制度”与“环保积分制度”。日本分别于2009年4月与5月实施这两项制度。“碳足迹制度”要求商品出厂必须标记生产、流通、回收全过程的温室气体排放量，更直观地向民众展示“碳足迹”，激发社会减少碳排放的意识；“环保积分制度”对各类节能家电进行评级，促进了日本环保节能家电的普及。

## 二、绿色发展的经济逻辑

绿色发展的经济逻辑，建立在经济学中最基础的成本与价格形成机制，以及市场配置资源原理上。以资源环境及绿色产品的价格机制为核心形成经济逻辑后，衍生出绿色投资、绿色产业升级、绿色贸易等绿色发展经济行为。

在传统经济学体系中，是缺少对绿色的认知和绿色这种元素的介入的。资源环境成本因难以计量而选择性忽视。在会计学中，绿色既不是一个资源要素，也不是一个科目，而是被忽视的。因此，要解决这个问题，绿色一定要成为可计量的成本，其核心点第一是计量，第二是内部化。所以，当前我们要完成和建设的是资源环境的定价机制、绿色产品的价格机制，特别是绿色产品的交易机制。当交易机制形成后，环境定价和绿色产品价格机制自然迎刃而解；当绿色产品和环境定价都能解决的时候，资源环境就可计量、可内部化，届时人类的生活方式、行为方式和经济方式将迎来一个大的革命，朝着绿色发展。这就是绿色发展的经济逻辑。

所以，笔者认为，要做好绿色发展，核心就是绿色金融，而绿色金融的关键点就是碳交易。

## 三、碳交易的困境

受篇幅限制，碳交易的现状在此不多介绍。碳交易的主市场和辅市场是怎么形成的，它的产品有多少，读者可以自行查阅资料来进行比较分析。本文着重介绍碳交易的困境和政策建议。笔者认为，目前碳交易面临六大困境：

**（一）政策制度衔接不到位，管理体制尚未完善**

碳交易制度与碳税制度、排放许可、可再生能源配额制度等还存在衔接不到位的问题。政府在创设碳排放权交易制度时应当统筹考量碳排放权交易与碳税制度、温室气体排放标准、排放许可、可再生能源配额制度、节能证书交易制度、合同能源管理制度、用能权交易制度等其他具有温室气体减排功能的手段之间的关系。例如，碳排放权交易和用能权交易分别是从排放侧和供给侧控制企业的用能行为，由此会产生碳排放配额与用能权指标能否互抵以及如何互抵的问题，国家应当对这两项制度的衔接问题作出规定。

碳交易自身的管理运行制度体系、法律法

规体系、监管体系尚不完善。目前，只有深圳和北京试点通过了由当地人民代表大会批准的碳交易立法。上海、广东等试点仅出台了与碳交易相关的地方政府法规，法律约束力较弱。2014年，国家发展改革委正式颁布了《全国碳排放权交易管理暂行办法》，为启动全国碳交易市场提供了基本的制度保障。但是我国碳排放交易的监管体系和法律仍不完善，缺乏规定碳交易方法的具体法律文件，碳交易中介机构、服务机构以及碳交易市场参与者的权利和义务尚未明确。

**（二）碳交易市场活跃度不高，成交规模较小**

自全国碳市场首日成交410.40万吨后，交易量持续走低，市场交易不活跃。从碳市场成交额的增幅来看，2014~2022年，累计成交额年增幅逐年波动递减，2022年仅为17.5%，累计成交量仅增加9.7%。

2015年，全国7家市场总交易量只有2900万吨。2016年，国家发展改革委发布启动全国碳排放权交易市场建设的通知后，交易量有所放大。从各个市场来看，广东碳市场累计成交量与全国碳市场规模相当，且除湖北成交量稍大外，其余市场交易量均很小。交易集中于配额清缴月份附近，其余时间成交量很小。大多数交易临近交割期才进行碳配额买卖，75%的交易发生在履约前夕，"潮汐"现象明显，成交日期集中在7月初、9月碳配额最终核定发放期以及11月临近履约期。以上海碳市场和全国碳市场为例，碳排放交易在显脉冲状态下呈现周期性变化，除了清缴月份外，其余月份成交量非常少。

**（三）尚未形成统一市场机制，市场参与主体有限**

一是全国碳交易市场较多，碳交易市场之间尚未形成统一的有效的联动链接机制。我国碳排放权交易体系庞大，分为全国碳市场和8个试点碳市场，各地区的政策和覆盖范围也有差异，省级碳排放权交易主管部门在总量控制、配额分配及管理、履约机制等方面拥有自主权，同一问题可能因地方立法不同出现冲突。因此，全国碳排放权市场的一体性要求各省级碳排放权交易体系具有开放性和可链接性，建立省级碳排放权交易体系的链接机制。此外，由于碳排放权交易制度与用能权交易制度存在衔接问题，这种差异会导致部分高排放产业由政策执行严格的地区向政策执行宽松的地区转移，即所谓的碳泄漏，削弱了全国减排的效果。

二是市场参与主体有限，主要集中在能源电力行业。目前，参与碳交易的主体仅限于电力行业的2162家企业，且不同碳市场针对行业的配额分配标准不一，公平和效率难两全。此外，碳市场对于部分出口征税的高排放行业也未给予差异化对待，导致成本压力。

**（四）MRV机制监管不健全，碳泄漏的风险增长**

MRV机制，即监测、报告和核查机制，缺乏有效的、操作性的监管制度与监管技术方法。碳排放总量控制目标的设定、碳排放配额初始分配以及排放单位的履约等碳排放权交易体系的运转环节均依赖于真实可靠的碳排放信息。MRV机制则是确保碳排放信息真实性和可靠性的重要手段。现阶段，我国出台了《国家企业温室气体排放核算方法与报告指南》对核查机构实行备案管理，但监管还停留在较为笼统和原则性的规定层面，尚未形成具有可操作性的制度。

由于暂未形成统一的碳交易市场，且 MRV 机制的监管尚不健全，有较大的可能产生碳泄漏。由于七省市碳排放权交易试点的管理办法均未对管辖区域内纳入碳排放权交易体系的行业或企业设置避免或减少碳泄漏的措施。因此，试点地区的企业基于逐利性，可能会因为减排成本高昂而将产能转移到非试点地区，从而产生碳泄漏，导致碳排放权交易试点的减排效果大打折扣。

**（五）碳交易产品种类单一，价格干预机制不健全**

碳交易产品主要为现货交易产品，种类单一。从欧盟的经验来看，碳现货和碳期货等衍生品基本同步发展，衍生品交易对促进市场活跃度起到重要作用。笔者调研发现，在 2020 年 EUA 现货和期货交易中，现货交易仅占一小部分，期货交易占比高达 92%。我国试点地区的交易产品主要是排放权配额、核证自愿减排量等现货产品，缺乏相应的价格发现和风险管理工具。即使上海碳市场推出了远期产品，但交易量非常少。数据上看，截至 2023 年 1 月末，上海碳市场现货产品累计成交量 2.2 亿吨，累计成交额为 33.6 亿元，上海碳市场远期产品累计成交量 437.1 万吨。

碳市场价格低是我国碳交易的一个重大困境。理论上说，碳交易价格应该接近或超过节能减排的成本，才能起到促进减排的激励作用。我国不仅碳市场交易量比预期要小很多，而且多数市场的价格始终在低位徘徊，难以充分发挥碳交易的减碳效果。碳市场价格低，不仅起不到减排的激励作用，金融机构参与的动力也不足，市场也难以获得稳定的资金支持。

我国碳交易产品价格干预机制在价格过高时可以充分发挥作用，但在价格过低时很难发挥应有的作用。我国碳排放权交易试点基本采取预留配额的方式干预配额价格，即当配额价格高于设定的水平时，碳排放权交易主管部门将预留配额投放到碳市场，通过调整供求紧张关系来平抑价格。此外，各试点基本允许履约主体使用核证减排量抵消一部分碳排放，从而核证减排量也可以在一定程度上增加碳市场的供给，起到平抑配额价格的作用。预留配额和抵消机制在配额价格过高时具有平抑价格的作用，当配额价格过低时却难以保护履约主体参与碳排放权交易的积极性。

**（六）碳金融产品运用不足，金融机构参与程度低**

碳排放权及其衍生品的金融属性未得到充分考虑。碳排放权交易的产品具有多样性和跨行业性，包括碳现货、碳期货、碳期权、碳保险、碳证券、碳合约、碳基金、碳排放配额和信用等，几乎囊括了所有金融产品形式。与银行、证券、保险等传统金融活动相比，碳排放权交易活动涉及碳排放配额总量目标的确定、配额的初始分配、配额管理，以及温室气体排放的监测、报告、核证等多方面问题，专业性强。试点地区对于碳排放权交易的监管主要集中在碳排放配额的分配、交易和履约管理方面，仍然局限于碳排放权交易体系建设本身，并没有上升到金融层面，这种点对点的分散规制难以适应防范系统性金融风险和矫正碳金融市场失灵的制度需求。

碳交易金融产品单一，金融属性更强的碳交易金融产品未能获得普遍及时的应用。碳金融在很大程度上被定位为服务于碳减排的从属性市场工具而非资本市场的组成部分。其中，碳信贷和碳债券等融资类工具/服务发展较快，期货等场内交易工具和碳远期、场外碳期权等场外交易工具发展滞后，而碳指数和碳保险则缺乏规模化运用。碳金融作为经济新业态，操作、开发模式和交易流程烦琐，交易规则复杂，投资回报期长，加之国内政策和法律条件仍不成熟，不利于碳金融机构参与交易。

## 四、碳交易的发展及对策

面对当前碳交易的困境，可以从以下六方面进行调整：

**（一）释放有效的价格信号、完善价格的发现与干预机制**

强化“污染者付费”原则，精准确定碳排放的环境资源成本。我国碳排放初始配额分配制度以免费为主，与欧盟碳市场较为相似，配额分配方式可以借鉴欧盟地区的发展经验，分阶段提升付费比例，让碳排放高的行业与企业承担更多的环境资源成本，更精准地形成价格。完善 CCER 定价机制，实现 CCER 定价与市场供需关系相符。在全国碳市场的第一个履约周期中，存量 CCER 发挥了重要作用，但现有 CCER 存量是否能够支撑第二个履约周期堪忧。随着市场对 CCER 需求的不断上升，市场出现供不应求，CCER 价格应当随市场供需关系有所调整。同时，重启 CCER 也可以提上日程。我国目前的 CCER 项目主要集中于新能源和可再生能源项目，类型较为局限，有待开发更多 CCER 项目类型以充分发挥减排潜力，通过供给端调节 CCER 价格。

建立配额价格的国家干预机制。在碳排放权交易体系建设初期，应当建立配额价格的国家干预机制，通过设定配额价格下限为碳减排企业和投资者提供稳定的激励。结合国外成熟碳市场的经验，政府干预碳排放权价格的措施主要包括固定价格机制、价格上下限机制、配额存储和借贷机制，以及配额的回购与投放机制。

**（二）健全碳交易监管体制、增强碳排放及核证数据权威性和有效性**

设计碳交易专门监管与协同监管相结合的模式。碳排放权交易活动具有公益性、专业性、跨部门跨行业性以及国家干预性等特征，我国碳排放权交易监管体制的设计宜采取专门监管与协同监管相结合的模式。

专门监管，即在国务院和省级政府应对气候变化主管部门内部设立专门的碳交易监管机构，负责全国和地方碳排放权交易活动的监管。

协同监管，即证券、银行、保险等金融主管部门、碳排放权交易所与碳排放权交易服务机构在各自职责范围内对碳交易活动进行监管。由此形成的专门监管和证券等金融主管部门的监管属于政府监管；碳排放权交易所以及碳排放权交易服务机构的监管属于社会监管的范畴。

完善 MRV 机制（监测、报告、核查），以提高碳排放核算、核证的准确性。我国 MRV 机制存在排放数据不准确、核算机构监督不到位、核查人员专业水平不足等问题，因此完善 MRV

机制是提升数据质量的重要途径。

MRV 监测方面——建立统一规范的碳排放统计核算体系，推进区块链技术在碳市场的应用，保证温室气体排放数据的准确性；

MRV 报告方面——除纸质版报告外，还应完善电子报告报送流程，便于碳排放数据的统一监测和核查；

MRV 核查方面——核查机构的选取要具备一定规模和专业性，核查人员的选用要具备一定知识技术水平和工作经验。

**（三）扩大碳交易市场开放、建立碳交易体系的链接机制**

首先，逐步引入机构投资者和个人投资者参与碳市场交易，快速提升碳市场体量，逐步扩大市场开放程度。全国碳市场正深入发展与市场需求匹配的机构投资者管理制度，提升碳交易活跃度，推进碳交易市场全面健康发展。

扩大行业覆盖范围，提升市场活跃度。目前，全国碳市场纳入的行业和企业数量有限，应扩大碳交易市场的行业覆盖范围，将铝、水泥、钢铁、石化和造纸等高耗能行业逐步纳入国家排放交易体系。

其次，在国内不同的碳交易市场平台之间采取多向直接链接的模式，建立市场链接机制。通过法律制度的互认和同化实现碳排放配额的同质性。一方面，就碳排放配额总量的设定、配额初始分配、碳排放监测、报告和核证等问题应当实现不同碳交易平台市场的法律制度的互认；另一方面，就履约机制、抵消机制、存储与借贷机制等问题应当实现法律制度的同化。

最后，向欧盟碳交易体系学习，并积极通过共建“一带一路”推进全球碳交易市场。一方面，我国应不断学习欧盟等国家和地区的碳市场建设经验，与国际碳交易市场建立合作，共同促进碳市场国际标准的制定；另一方面，我国也可以通过共建“一带一路”积极推进全球碳市场的建设。

**（四）探索碳市场金融属性、加快碳交易金融产品的创新**

营造绿色金融生态，打造全球绿色金融示范区，推进绿色金融体系双向开放。

在现货交易的基础上，遵循 2022 年 4 月 12 日证监会发布的《碳金融产品》（JR/T 0244—2022）标准，未来应有序发展碳金融工具和产品，如碳期货、碳远期、碳掉期等交易工具，碳抵押、碳回购等融资工具，碳指数等支持工具，以及 CCER 拓展出的碳交易衍生品等。更好地发挥银行间市场在绿色低碳发展中的独特作用，支持符合条件的金融机构发行绿色金融和碳资产支持产品，探索以碳排放权、碳减排指标等为标的的基础和衍生金融工具交易，为金融机构开发、投资银行间绿色及碳中和指数产品提供更大便利。

发挥远期现货的价格引导作用，以公开、连续、前瞻性的碳价格引导资金投入低碳经济。合理规范金融监管体系，统筹零散监管体系，确保碳期货市场平稳运行。

**（五）提高碳交易市场透明度、完善 MRV 机制监管制度体系**

优化碳交易的市场机制，坚持公平、公开、透明的市场原则。在缺乏透明和广泛可获取的市场信息的情况下，市场参与者无法做出精细的交易决策。因此，需要进一步提高信息透明度，除了在各试点范围内公布碳交易计划、管理措施等政策工具的实施外，还应向社会公开企业排放控制的关键数据、配额总量和配额分配情况。获得充足、可靠的信息，确保企业能够有效参与碳市场交易，提高碳交易市场的交易效率。

完善MRV体系，即碳排放监测、报告和核查机制的监管体系，作为评价碳排放主体的排放行为及减排绩效的技术规范。信息对称是碳市场能够良性运转的重要前提和条件，能够为政府掌握准确的碳排放数据提供制度保障，是碳排放权交易监管制度的核心内容。我国碳交易市场应当借鉴欧盟和日本的经验，从排放主体和独立第三方核查机构两个层面完善监管制度，以保证碳排放数据的真实性。

**（六）增强碳交易制度协同、顶层构建制度系统可实施性**

碳税和碳排放权交易均是通过市场手段将碳排放行为的负外部性内部化，两者在同时作用于同一种碳排放行为时，很容易构成重复管制。碳排放权交易和碳税在碳减排目标的达成方面各有优劣。碳排放权交易适用于具备监测和报告条件的固定和大的温室气体排放源，如钢铁部门、电力部门；而碳税适用于移动的或监测和报告成本过高的温室气体排放源，如交通部门。碳排放权交易和碳税可以在不同领域发挥碳减排作用，因此，应妥善解决某些重复监管的问题，增强碳税制度与碳排放权交易制度的衔接。

此外，应在碳排放权交易制度与节能或可再生能源领域的制度之间设计互动协同机制。当前，碳交易制度与可再生能源配额制度、节能证书交易制度、合同能源管理制度、用能权交易制度等节能或可再生能源领域的制度存在衔接问题。碳排放权交易制度是从排放侧实现减排目标，而节能或可再生能源领域的制度是从供给侧实现节能或可再生能源目标。但是，碳排放权交易与节能或可再生能源配额制度往往针对的对象相同、源头相同，容易形成多重管制。应设计两者之间的衔接制度，如自愿性碳排放交易，允许用能单位或履约主体在满足一定条件的情况下使用用能权指标，核定用能权、碳排放配额或核证减排量履约，应当设计联合机制以发挥两项制度的协同效应。

# “两山”理念走向世界*

□ 周卫东

（世界可持续发展工商理事会（WBCSD）中国代表处，北京，100007）

“两山”理念怎么推向国际，怎么走向世界？有三个最重要的方面：

第一是价值观。思想和理论是相辅相成的，马克思主义中国化是把马克思主义思想精髓同人民群众共同价值观念融通起来，不断夯实马克思主义中国化时代化的群众基础，让马克思主义在中国牢牢扎根。中国生态文明建设的巨大成就，使“两山”理念在国际上获得广泛认同和高度赞誉。习近平主席在多个外交场合提到“绿水青山就是金山银山”理念，“两山”理念已经成为代表中国的一种声音，它凝结了中国智慧，是值得借鉴的发展理念，为全球可持续发展贡献了中国智慧和中国方案。

第二是影响力。2020年9月22日，国家主席习近平在第七十五届联合国大会上宣布，中国力争于2030年前二氧化碳排放达到峰值，努力争取2060年前实现碳中和目标。同年12月举行的气候雄心峰会上，习近平主席进一步提出中国实施“碳中和”的路径方案。2021年10月，《中共中央　国务院关于完整准确全面贯彻新发展理念做好碳达峰碳中和工作的意见》《2030年前碳达峰行动方案》两个重要文件相继出台，国家发展改革委和各地区、各部门制定了一系列具体的实施计划，共同构建了中国碳达峰、碳中和“1+N”政策体系的顶层设计，协同推进降碳、减污、扩绿、增长，推动“双碳”工作取得积极成效。从“两山”理念到“双碳”目标承诺，我国将应对气候变化作为国家战略，纳入生态文明建设整体布局和经济社会发展全局，向全世界展示了应对气候变化的中国雄心和大国担当，在这个过程中我们的国际影响力逐年上升。这种不断把“双碳”目标承诺变成实施方案、施行路线图的做法在全球产生了很强的影响力。

第三是话语权。我国为应对全球气候变化作出的努力和贡献，变成在全球具有影响力的中国倡议、中国举措、中国标准、中国智慧，体现出中国真正的话语权。

---

* 作者简介：周卫东，世界可持续发展工商理事会（WBCSD）中国代表处主任。

本文为作者在第二届“绿水青山就是金山银山”理念湖州论坛暨国际研讨会上的主旨发言。

站在世界的舞台上讲好中国故事。“两山”理念如何向国际传播，如何让世界读懂中国，这是一个新的课题。我们有中国特色的理论内涵需要交流传播，我们需要把中国的实践故事讲清楚。

2021年10月，在昆明举行的《生物多样性公约》缔约方大会第十五次会议（COP15），是联合国首次以生态文明为主题召开的全球性会议，旨在倡导推进全球生态文明建设。“绿水青山就是金山银山”从理论到实践，在国际舞台上得到了充分的展示。2022年12月19日，在加拿大蒙特利尔，中国作为《生物多样性公约》第十五次缔约方大会（COP15）主席国，与国际社会共同努力，推动达成“昆明—蒙特利尔全球生物多样性框架”（GBF）等一揽子具有里程碑意义的成果。加拿大蒙特利尔“中国角”成为讲述中国生态文明故事的重要窗口。在近两周的会期中，“中国角”总共举办了9场主题展示，循环播放了70多部主题宣传片。每天都有世界各国的观众、领导人前往参观，聆听中国的生态文明故事。“中国角”用图文并茂的形式，通过茶艺、民族服装、歌舞表演、古筝表演等多种艺术形式，向世界展示了中国传统文化与自然生态、人与自然和谐共生等理念，让世界有机会了解“两山”理念，了解践行“两山”理念的实践案例，依据“两山”理念的实践案例与国外同行交流。北美、欧洲、非洲、拉美都有各自不同的文化和地域优势，通过这种思想碰撞、思想交换，可以产生“1+1>2”的效果。

2022年12月8日，在加拿大蒙特利尔举行的联合国《生物多样性公约》第十五次缔约方大会（COP15）第二阶段会议中，在以“生物多样性保护：地方在行动”为主题的中国——魁北克合作论坛上，湖州市被COP15认定为生态文明国际合作示范区。由生态环境部部长以及CBD公约秘书长穆里玛女士共同揭牌，成为COP15的标志性成果，是国际社会对湖州生态环境保护的全面肯定，对湖州开展生态文明国际交流培训活动具有重要意义。

联合国气候变化大会（COP）是从全球层面推动气候治理的关键平台。中国积极参与应对气候变化全球治理，积极建设性参与气候变化多边进程，积极落实《联合国气候变化框架公约》及其《巴黎协定》，为推动构建公平合理、合作共赢的应对气候变化全球治理体系不断贡献中国智慧、中国力量和中国方案。从《联合国气候变化框架公约》第21次缔约方大会（COP21）以来，联合国气候大会“中国角”成为一个很好的中国就应对气候变化展开跨区域全球对话的窗口和平台。

总而言之，“两山”理念走向世界有三个很关键的方面：一是要把价值观的国际输出平台做好。培养更多的青年学者和青年人向世界传播“两山”理念。二是要通过中国案例、中国故事来扩大国际影响力，增加各种形式的国际交流互动。三是要掌握话语权。将前面两个工作做足做扎实以后获得真正的话语权，产生具有全球影响力的中国倡议。